青少年拓展思维训练营

我的第一本
物理探索发现全纪录

张 宇 编著

天津社会科学院出版社

图书在版编目（CIP）数据

我的第一本物理探索发现全纪录 / 张宇编著 . 一天
津：天津社会科学院出版社，2012.6
　（青少年拓展思维训练营）
ISBN 978 - 7 - 80688 - 824 - 7

　Ⅰ . ①我… 　Ⅱ . ①张… 　Ⅲ . ①物理学－青年读物②物
理学－少年读物　Ⅳ . ①O4－49

中国版本图书馆 CIP 数据核字（2012）第 135611 号

出版发行：天津社会科学院出版社
出 版 人：项　新
责任编辑：高　潮
地　　址：天津市南开区迎水道 7 号
邮　　编：300191
电话/传真：（022）23366354
　　　　　　（022）23075303
电子邮箱：www. tass - tj. org. cn
印　　刷：北京海德伟业印务有限公司

开　　本：710×1000 毫米　1/16
印　　张：15
字　　数：175 千字
插　　图：75 幅
版　　次：2012 年 7 月第 1 版　2012 年 7 月第 1 次印刷
定　　价：29.80 元

前　言

　　当孩子们在课堂上尽情地汲取知识的养分的时候，当孩子们在书海中肆意遨游的时候，我想告诉你，课堂外面也有一个五彩斑斓的奇异世界。你知道吗？在生活中，我们处处离不开物理问题。物理科学作为自然科学的重要分支，不仅对物质文明的进步和人类对自然界认识的深化起了重要的推动作用，而且对人类的思维发展也产生了不可或缺的影响。从亚里士多德时代的自然哲学，到牛顿时代的经典力学，直至现代物理中的相对论和量子力学等，物理科学的每一步发展都与我们的生活息息相关。

　　本书精选了孩子们感兴趣的物理故事，按照故事的类别，将内容分为三大部分。在第一部分，我们选取了著名物理学家的故事。科学家们的成功来源于他们高贵的品格、非凡的毅力、超常的勇气和无与伦比的信心。在攀登科学高峰的道路上，人类每前进一步，都蕴含着无数科学家们的心血和汗水。我们希望可以用他们的事迹激励孩子们的斗志，培养孩子们的信心。在第二部分，我们选取了一些物理科学中的前沿问题，使孩子们更多地了解物理学的科研动态，引发他们对物理学科的关注和热爱。在第三部分，我们将深入探索物理科学中未经证明或已经证明的科学猜想，这些科学猜想将解答孩子们感兴趣的问题，而且给他们留下了大量的思考空间。通过这三大部分，我们力求囊括物理学中的各个方面，尽量做到全面、权威。

我们编写本书的目的是想让孩子们多了解课堂外面的世界，了解生活中的物理，了解和我们一样平凡但却成就了一番伟大事业的物理学家们。阅读这些故事，孩子们会明白，在学习的道路上，除了老师们的教导，还应该走出课堂，到更广阔的田地里汲取知识的养分。只有这样，才能成为一个全面发展的人。希望本书可以使孩子们学到一些在课堂上学不到的东西，从而丰富你们的人生和阅历。

目 录

物理科学家的故事

物理学科问题

物理猜想

物理科学家的故事

物理全才杨振宁

　　杨振宁，生于安徽合肥，华裔科学家诺贝尔奖得主第一人。

　　有人总结，杨振宁的成功除了个人的努力外，有两大外因。一是名师出高徒。他的老师都是赫赫有名的学界泰斗，他先后师承美国氢弹之父爱德华·泰勒和 20 世纪最具影响力的科学家爱因斯坦。二就是父母对他的影响。

　　杨振宁出生不满周岁，父亲杨武之（后任清华大学数学系教授）就到美国留学去了，母亲一人承担起抚养和教育他的责任。杨振宁刚 4 岁时，母亲就开始教他识字，虽然自己识字不多，但她还是想出各种办法教杨振宁认字。为了让杨振宁加强记忆,她把字写在一张张的方块纸上,类似现在孩子启蒙用的识字卡片,然后一张一张抽出来反复让杨振宁辨认。就这样,仅仅用了1年多的时间,杨振宁就认了3000个字。50年后,杨振宁回忆起当年母亲对自己的教育时仍感恩不已,他觉得这3000字是一个非常扎实的知识起步基础,他激动地说:"现在我所有认得的字加起来,估计不超过那个数目的2倍。"杨振宁5岁时,母亲又为他请来一位家庭教师,教他读书。到了杨振宁6岁的时候,父亲从美国回来,得知他居然可以把私塾先生不曾讲解过的《龙文鞭影》从头到尾熟练地背下来,很是惊喜,并把随身的钢笔作为奖励给了他。也是这一次,杨振宁从父亲这里懂得,读书求知的重要。可见,母亲细微的关怀和父亲宏观的指导共同促进了少年杨振宁的成长。

杨振宁进入普林斯顿高等研究院攻读博士后,开始同李政道合作进行粒子物理的研究工作,其间遇到许多令人迷惑的现象和不能解决的问题。他们大胆怀疑,小心求证,最终推翻了物理学上屹立不移30年之久的"宇宙守恒定律",开启了"基本粒子弱交换作用规则"的研究,使人类对物质结构内层的认识迈进了一大步。

杨振宁对物理学的贡献范围很广,涉及粒子物理学、统计力学和凝聚态物理学等。除了同李政道一起发现宇称不守恒之外,杨振宁还与米尔斯共同提出了"杨—米尔斯规范场",与巴克斯特创立了"杨—巴克斯特方程"。美国物理学家、诺贝尔奖获得者赛格瑞推崇杨振宁是"全世界几十年来可以算为全才的三个理论物理学家之一"。

对于我们中国人来讲,杨振宁的成功,其影响并不仅仅在学术界。在此以前,许多外国人怀疑中国人因为受到中国文化的影响,根本不适宜从事现代科学研究,甚至许多中国人也因此对自己的民族和文化存有自卑感。而杨振宁获得诺贝尔奖,正是向世人展示了受中国文化熏陶的中国人一样有能力登上科学的高峰，他改变了人们对中国人和对中国文化的偏见。

点评

一个人的成功不是偶然的，只要我们努力，既定的法则、世俗的看法都不能阻挡我们，任何人眼中的不可能都能成为可能。

最不愿浪费时间的丁肇中

丁肇中，继李政道、杨振宁之后，第三位获得诺贝尔物理奖的美籍华人科学家。国际科技界称赞他是现代最具有实验能力、最善于观察现象的实验物理学家。

丁肇中的祖籍是山东日照。父亲丁观海、母亲王隽英皆任教于大学。丁肇中出生不久，日本帝国主义便发动了对中国的全面侵略战争。幼小的丁肇中跟着父母开始了流浪的生活。他童年时期的学习也因此时断时续，很不稳定。由于父母都是大学教授，经常有许多学者到家中聚会，讨论问题。每当这个时候，他都坐在大人旁边，睁大眼睛认真地听，从小就表现出强烈的求知欲和对科学的浓厚兴趣。

受家庭的影响，丁肇中对学习一丝不苟，读书专心致志，遇到疑难问题，便找遍书本，一定要得到答案才肯罢休。课堂上他聚精会神地听课，不论对自己的答案有没有把握，他总是第一个举手回答老师的提问。他的课余时间大部分是在图书馆度过的，很少与同学一起打球、看电影。他认为"最浪费不起的是时间"。

中学毕业后，丁肇中被保送台湾成功大学，在大学里他学习更加勤奋、更加踏实。大学第一个暑假，丁肇中开始反复思索着自己的前程，开始不安心于学机械工程，物理学的广阔天地令他心驰神往，他决定把自己的一生献给物理学。

丁肇中的父亲深知，机械工程学好学坏都有饭吃，物理学却需要上等人才，要有极好的天赋，才能立足于世界。但当他看到儿子的坚毅自信时，便毅然表示支持。母亲也鼓励他："你要记住一点，不管你学哪一行，你一定要成为那一行的佼佼者。"父母的大力支持，为他转修物理学增加了动力。

不久，父亲在密执安大学的师友——密执安大学工学院院长布朗教授到台湾访问，答应为丁肇中去美国念书提供条件。丁肇中听了，高兴万分，尽管前途茫茫，但他深信："只要把稳舵，海阔天空任我邀游的日子是会来临的。"

不久，丁肇中赴美国学习。在异国的城市，除了上课、做实验，课下他还要挣钱维持生活。经过三年的努力，丁肇中获得了数学和物理学硕士学位。后来，丁肇中又在密执安大学物理研究所攻读了两年，提前获得博士学位。进研究所的第一个夏天，有两位教授正在进行一项暑期实验工作，缺少一名助手，丁肇中应邀参加了实验。从此，他与实验物理结下了不解之缘。博士毕业后，他选择了哥伦比亚大学的尼文斯实验室。在努力钻研两年以后，他发现了重氢分离子，第一次获得自己的实验成果。

随后，丁肇中前往日内瓦欧洲核子研究中心工作，与可可尼教授共事。可可尼教授分析问题清晰简明的方式和选择研究课题的敏锐洞察力使丁肇中深受启发。一年后，他又回到哥伦比亚大学。他珍惜时间，虚心好学，善于从别人的经验和成果中吸取营养，加上他敢于质疑，善于分析，富于革新创造，从而形成了自己独特的研究风格。他参加了一流物理学家李昂·黎德曼主持的实验组，发现了"抗氢同位素"，在物理学界初露锋芒。

当时，剑桥大学的一次意外实验，似乎揭示了违反量子电动力学的反常现象，引起了各方的瞩目。丁肇中决定研究这个明显的反常现象。他仔细制订了计划，准备详细地加以复查。丁肇中以惊人的毅力，仅仅用了半年时间就证实了量子电动力学的正确无误，澄清了从前未能澄清的问题。丁肇中因而在国际实验物理学界取得一席之地。

为了寻找与光子类似的各种长寿粒子，丁肇中采用了高能光子冲击核子的方法，同时亲自设计了一个具有极精细的质量分辨能力的探测器进行实验。他夜以继日地用一部300亿电子伏特质子加速器寻找新的粒子。一踏进实验室常常忘记了时间。终于，在高能加速器的质子碰撞实验中，他发现了一个新的粒子，即"J"粒子。"J"粒子是原子核中已发现的几百种粒子中重量最大、寿命最长的一种，"它的寿命比其他粒子长一万倍"。为了慎重起见，他又经过两个月的无数次实验，反复核实，最后证实确凿无误，才向全世界宣布这一伟大的发现。

"J"粒子的发现，轰动了沉寂十多年的高能物理学界。这是近数十年来高能物理学界最重大的发现，为人类开拓了宇宙未知的领域。1976年，丁肇中和里希特共同获得了诺贝尔物理学奖。

丁肇中在荣誉面前没有止步，而是更勤奋地继续攀登新的科学高峰。他说："我完全靠工作来激发充沛的精力，工作就是我的兴趣，兴趣使我不会疲倦。"1977年丁肇中被选为美国国家科学院院士，这是美国科学家所能获得的最高荣誉。

点 评

　　丁肇中，这个最不愿意浪费时间的物理学家，用自己的勤奋和努力，在有限的生命征程中做出了不平凡的业绩。他的成就我们也许不能企及，但是，他珍惜时间、不畏艰难、勇于思考的精神却是我们学习的榜样。

中国原子弹之父

钱三强，核物理学家，被誉为"中国原子弹之父"。

钱三强全部科学生涯中贯穿着深厚的爱国主义的崇高品格。他那宽阔的胸怀、勇挑重担的气魄、杰出的组织才能、甘为人梯的精神、谦逊朴实的作风以及只求奉献不求索取的高风亮节值得人们尊敬。在钱三强身上，科学和道德达到了高度的统一。

1964年10月16日，在我国西部地区，一朵巨大的蘑菇云缓缓升起……

我国第一颗原子弹爆炸成功了！

这一喜讯，从此结束了中国没有原子弹的历史，掀开了我国原子能事业的新篇章。为了这一天的早日到来，许多科学家和科技工作者，付出了辛勤的劳动。著名核物理学家钱三强，就是他们之中的一员。

钱三强生于浙江绍兴，原籍浙江湖州。学生时代，钱三强勤奋好学，以优异的成绩毕业于清华大学物理系。之后，钱三强告别了祖国和亲人，远涉重洋，来到了世界名城——巴黎。

坐落在这里的居里实验室是法兰西科学文化事业发展的骄傲，也是世界核物理与放射化学研究中心之一。

　　钱三强来到居里实验室，他的导师是居里夫人的长女伊雷娜·居里和女婿弗雷德里克·约里奥，他们对待课题研究非常严谨、一丝不苟，这对钱三强影响很大。

　　在学习期间，钱三强一方面认真完成博士论文，另一方面向新的科学技术进军。他想：这里有世界第一流的条件和设备，有世界著名的严师指点，要多学一点，将来回到祖国，一定会派上用场。

　　在美丽的巴黎，钱三强除了住处、实验室和图书馆这"三点一线"外，哪儿也不去。他深知，目前，他从事的科研题目，在祖国还是空白，研究成果如何，对祖国的科技繁荣是非常重要的。

　　在他到法国的第二年，就与导师伊雷娜·居里一起，做有关验证裂变现象的实验。他所做的实验，速度又快，质量又好，使导师非常满意。

　　有一次，为了观测分析实验结果，他和导师伊雷娜·居里一连几天没有吃好睡好了。这天是周末，导师请他到家里玩儿，轻松一下，他婉言谢绝了。后来，居里的丈夫又来请他，他有点过意不去了，但是，想了想，还是说服了约里奥，自己留在实验室里，继续他的工作……

　　两个星期以后，他们终于拿出了令人满意的结果！伊雷娜·居里打趣地说："钱先生，听说你是属牛的，干起事来，还真有股子牛劲哩！"导师的幽默，使钱三强和在场的人都笑了。

　　新中国成立前夕，钱三强怀着一颗赤子之心，回到了阔别11年的祖国。

　　马克思曾经说过："在科学领域内，没有平坦的道路可走，只有在那崎岖小路上攀登，不怕劳苦的人，才有希望达到光辉的顶点。"钱三强就是这样一位不怕劳苦的人。钱三强回国后，领导给了他们一个艰巨的任务，就是筹建中国科学院近代物理研究所。他二话没说，勇敢地挑起了这一重担。

当时除了几个人，几间房以外，其他条件几乎等于零，加上当时国际上对我国实行全面封锁、禁运，但钱三强仍然满怀信心地工作着。在大家的努力下，他们的近代物理所已初具规模了。有一位外国学者，看了中国当时的条件、设备后，摇着头说："就你们目前的情况，要向世界瞩目的核科学进军，简直不可想象。"

然而，钱三强和其他科学家就是在这"不可想象"的基础上，艰苦创业、群策群力，经过不懈的努力，终于研究制造出原子弹，使我国跻身于世界核大国之林！接着，在两年8个月后，我国又顺利爆炸了氢弹，成为世界上从爆炸原子弹到爆炸氢弹进展速度最快的国家。

点评

钱三强说："古今中外，凡成就事业、对人类有作为的无一不是脚踏实地、艰苦攀登的结果。"没有一股钻研的牛劲，没有不怕困难的决心，任何理想都只能是海市蜃楼。

勇于开拓者卢鹤绂

卢鹤绂，著名物理学家，中国科学院院士。

卢鹤绂几十年来主要从事理论物理和核物理方面的教学和研究。发现了热离子发射的同位素效应；发明了在质谱仪中测定轻同位素丰度比的时间积分法。在国际上首次公开估算铀235原子弹和费米型链式裂变反应堆的临界大小的简易方法及其全部原理；提出了最早期的原子核壳模型并首次提出了核半径新的计算公式。建立了流体的容变黏滞弹性理论并对经典流体力学基本方程作了多项推广。

在通往科学的道路上，卢鹤绂所面临的道路，布满了荆棘和坎坷，但科学使他变得勇敢和坚强。他不畏艰险，不怕挫折，勇于开拓，用自己的心血，铺垫了一条物理学研究的成功之路。

卢鹤绂出生于沈阳。爸爸留学于美国，妈妈也曾留学日本。他小时候，妈妈就带着他漂洋过海，去美国探望正在攻读学位的爸爸。在家庭的影响和熏陶下，在他幼小的心灵里，充满了对科学的浓厚兴趣，立志长大以后，要做一名科学家。

小时候，卢鹤绂就是个敢想敢为的人，不论什么事，只要有兴趣，他都要试一试。这种性格，在他以后的科研工作中，起到了积极作用。

在学校里，卢鹤绂如饥似渴地学习知识，有一次，在物理课上讨论能源的问题，老师说，能源开发很重要，同学们可以幻想一下，说不定那一天，你们的幻想就能成为现实。卢鹤绂发言说，太阳能是取之不尽，用之不竭的，若干年后，太阳一出来，车子不用汽油可以开动，米不用火可以熟，灯不用电也可以亮，这些都可以利用太阳能。有的同学问，那晚上或是阴天怎么办？他回答说，这好办，把能量储存起来，什么时候用，什么时候释放……事实证明：没有大胆的猜测，就没伟大的发现。卢鹤绂当时的许多设想，现在都变成了现实。

卢鹤绂不满18岁，就考入燕京大学理学院的物理系。毕业后，他和爸爸一样，怀着"科学救国"的雄心壮志，去美国留学，在短短的几年时间里，就获得了硕士和博士学位。由于他在科学研究方面的成绩，美国政府以高薪聘请他留在美国继续搞科研，但他毅然踏上了回国的征途。

从美国回来以后，卢鹤绂专心于原子核的研究。在研究中，他发现：在小小的原子核内，蕴藏着巨大的潜能，可以开发利用。于是，他写了《重原子核内潜能及其利用》一文，在国内，首次提出重核裂变所释放的能量可供利用的原理，预测核能时代的到来。接着，他发现了热离子发射的同位素效应，发明了"时间积分法"。几年后，他研究出估算原子弹和原子反应堆临界大小的简易方法，并且，首次公开发表。他的"卢鹤绂不可逆性方程"，被国际上广泛引用。另外，他还撰写了好多专业书籍，给我们留下了宝贵的资料。

1997年，卢鹤绂在上海逝世。此后，美国休斯敦第一凌信会、美国明尼苏达大学相继为他立铜像，并创办卢鹤绂科学实验室。

点评

在前进的道路上，要大胆地猜测、大胆地实践。不论道路有多艰险，都要坚定地、勇敢地走下去。

诺贝尔物理奖得主朱棣文

朱棣文，美籍华裔物理学家，第五位获得诺贝尔奖的华裔科学家。

朱棣文从 20 世纪 80 年代初开始致力于"冷却原子"的研究工作。十年后，获费萨尔国王国际科学奖，同年被选为美国科学院院士。1997 年 10 月 15 日，瑞典皇家科学院宣布，本年度的诺贝尔物理学奖授予美国斯坦福大学物理教授朱棣文、美国标准与技术研究所的菲利普斯和法国学者科昂·塔诺季，以表彰他们发明了用激光冷却进行低温下俘获原子的方法。

朱棣文能取得这样的成就和家族的影响分不开。他出生在美国密苏里州圣路易斯市一个学者之家。朱棣文的祖父朱祝年是江苏太仓城厢镇的一位读书人，十分重视培养后代。大姑妈朱汝昭早年曾留学日本；二姑妈朱汝华早年留学美国任芝加哥大学化学工程教授，是中国第一代化学家；三姑妈朱汝蓉，青年时留学美国攻读化学，也为一名化学教授。

朱棣文的父亲朱汝瑾毕业于清华大学化工系，留美就读于麻省理工学院，获该院化工博士，先后任美国圣路易、纽约及新泽西的 3 所大学教授，历任美国和欧洲六十多家石油、化学、导弹、核子工程及太空公司的顾问。其母李静贞出生于天津一名门之家，清华大学经济系毕业后去美国麻省理工学院攻读工商管理。朱棣文的外祖父李书田是 20 世纪 20 年代清华大学毕业生，公费留美，回国后投身教育事业，曾任国民政府教育部部长。据了解，朱棣文父兄辈中至少有 12 位拥有博士学位或大学教授职位。因此，朱棣文说，出身学术世家对他今天取得的成就有相当的影响，关键的是，没有他们，就根本不会有我。

朱棣文有一兄一弟。哥哥朱筑文是斯坦福大学医学院教授，专长 DNA 研究；弟弟朱钦文是南加州一家知名律师事务所的执业律师，都拥有博士学位。成长在一个传统的中国家庭里，朱棣文三兄弟从小就受到了东方文化的熏陶和培养。从父母身上他学会了刻苦、勤劳和谦逊，美国的开放式教育也造就了他的幽默、风趣和自信。

朱棣文非常感谢父母在学习上给了他们很大的自由度。升到中学后父母就很少再过问 3 个孩子的功课，而且，一直鼓励他们要以自己的兴趣为主来选择科系专业，一旦选定目标就要持之以恒不懈努力。朱棣文高中毕业时，父亲本不赞成他选择物理学，认为善于绘画的儿子应该去学建筑，因为物理学界高手太多，不易出成就，而且做实验是枯燥无味的，然而朱棣文却对物理学情有独钟，学问做得津津有味。

兴趣加不懈的努力，终于迎来了累累硕果。他获得纽约州罗彻斯特大学数学和物理双学士；28 岁时，获得柏克莱大学物理学博士学位，并在该校从事两年的博士后研究；美国贝尔实验室电磁现象研究人员，因成绩显著并做得一手"漂亮实验"

升任该实验室电子学研究部主任；任斯坦福大学物理学教授，并任该校物理系主任。

20世纪80年代初，朱棣文开始从事原子冷却技术的研究，两年后发表第一篇学术论文。他荣获诺贝尔奖的科研项目的主要工作是在斯坦福大学完成的。参加这项研究有很多科学家，对和他一起获诺贝尔物理奖的人，朱棣文说，虽然他们是单独工作的，但"各自从不同方面做成了这件事。虽然我们的具体目标不一样，但这是一个异曲同工的贡献，我们的工作将造福人类。"

在学生心目中，朱教授聪明非凡，谈吐风趣，是一个值得学习的楷模，他们认为朱教授口才非常好，能将一场学术性很强的演讲讲得十分生动，在学生讨论时听上两三句就能一针见血地指出问题的症结所在。朱棣文教授对学生要求极严，他经常会出其不意地跑到实验室看他的研究生们的实验进度如何，如果因不努力而进度落后了，他会毫不留情地批评。

已当选为美国科学院院士的朱棣文平时很少提及自己的研究成就，甚至在父母面前也从不提起。他的母亲说：以前他每次得奖从不告诉我们，都是我的朋友看到报道后，剪下来寄给我的。像获左根汉研究奖；获第一个国际大奖；获美国物理学会艺术奖等，他都没有表示出特别的兴奋。

1997年10月15日凌晨，睡梦中的朱棣文被一阵急促的电话铃声惊醒，他的研究生率先向他报告了获奖的消息，起初朱棣文还以为是学生在跟他开玩笑，随后，一个接一个探询和祝贺的电话不断打进来，朱棣文这才确信："我是真的得奖了"。

兴奋之余朱棣文坦言：事先已有一些预感，觉得自己的研究"非常地疯狂"，所以得奖是"应该有一点机会的"。事实上，朱棣文从事该项研究已有14年，并且取得一定的成就——该项研究获费萨尔国王国际科学奖。

朱棣文从事的是目前世界上最尖端的激光制冷捕捉技术研究，有着非常广泛的实际用途，这项研究为帮助人类了解放射线与物质之间的相互作用，特别是深入理解气体在低温下的量子物理特性开辟了道路。在原子与分子物理学中，研究气体的原子与分子相当困难，因为它们即使在室温下，也会以上百公里的速度朝四面八方移动，唯一可行的方法是冷却，然而，一般冷却方法会让气体凝结为液体进而结冻。朱棣文等 3 位学者则利用激光达到冷却气体的效果，即用激光束达到万分之一绝对温度，等于非常接近绝对零度。原子一旦陷入其中，速度将变得非常缓慢，而变得容易俘获。该技术可以用来做精确测量，特别是做"重力测量"；人们还可以利用此技术做成重力分析图，由此解开地球上的许多谜团：例如观察油田的内层、勘探海底或地层内的矿物质，在生物科技上可以解读基因密码；科学家还可以借此研究"原子激光"，制造精密的电子元件；也可以测量万有引力，进一步发展太空宇航系统，进行准确的地面卫星定位。科学家们普遍认为，这的确是一个了不起的研究成果。这次获奖他仍然表示："我还是我，跟昨天没有什么两样。"在获知得奖的当天，他仍平静如常地去上课。他说，"当我想到还有更多的优秀科学家，特别是比我强的科学家还没有获奖时，我自然就不应该把这项奖看得有多么重。""我只是运气比较好。"

我们不可能每个人都能取得朱棣文那样的成就，但是，人这一生，总得制定一个自己想要达到的目标，在实现目标的过程中，肯定有艰难险阻，如果所有的困难一开始就排除得一干二净，便没有人愿意去尝试有意义的事情了。大目标要分成许多小目标，小目标就是实现大目标的阶梯，每一个小目标的实现都会令你有一种成就感，但你要知道，你的小目标只是一段乐章中的前奏，如果停留在那里而不前进，那庞大的乐章就失去了它原本的震撼力，为了达到大目标，就要像深谋远虑的将军一样，时常根据战局改变战略。你要一个一个地、脚踏实地地处理前进道路上的任何障碍，先努力取得那些微小的胜利，总有一天，你会到达人生的飞跃。

点 评

科学路上不畏艰难，勇往直前；荣誉面前，宠辱不惊，泰然处之。我们要学习的就是这种精神。

原子论的创始人德谟克利特

德谟克利特,公元前4世纪古希腊哲学家,原子唯物论的创立者之一。他爱好广泛,学术造诣极高。更可贵的是,他对事业有一种极为认真专注的精神。

德谟克利特出生于色斯雷的海滨城市阿布德拉。当时的阿布德拉是个大商埠,海外贸易发达,各地的商人往来频繁。德谟克利特从小就见多识广。小时候,他做过波斯术士和星象家的学生,接受了神学和天文学方面的知识,对东方文化有着浓厚的兴趣。他在学习和研究的时候非常地专心,经常把自己关在花园里的一间小屋里。一次,父亲从小屋里牵走了一头牛,他都没有察觉。他的想象力很丰富,并且刻意培养自己的想象力,有时他到荒凉的地方去,或者一个人呆在墓地里,以激发自己的想象。德谟克利特成人后,来到雅典学习哲学。后来又到埃及、巴比伦、印度等地游历,前后长达十几年。他在埃及居住了五年,向那里的数学家学了三年几何。他曾在尼罗河的上游逗留,研究过那里的灌溉系统。在巴比伦,他向僧侣学习如何观察星辰，推算日食发生的时间。回到故乡阿布德拉后，他担任过该城的执政官。在繁忙的政务之余，他始终没有放弃追求哲学和自然科学知识，并且在艺术方面也有了一定的造诣。

德谟克利特经常外出旅行，花费了父亲给他留下的绝大部分财产。他又整天写着"荒诞"的文章，在花园里解剖动物的尸体，以至族中有人认为他发了疯。有些人企图占有他剩下的财产，便控告他浪费祖产，对族中的事不加理会，把好好的园子变成了杂草丛生的荒地。根据该城的法律，犯了这种罪的人，要被剥夺一切权利并被驱逐出城外。但是，聪明且能言善辩的德谟克利特在法庭上据理力争，终于被判无罪。德谟克利特研究过天文、地质、数学、物理、生物等许多学科，提出了圆锥体、棱锥体、球体等体积的计算方法。他对逻辑学的发展也作出了重要的贡献。德谟克利特的著作涉及自然哲学、逻辑学、认识论、伦理学、心理学、政治、法律、天文、地理、生物和医学等许多方面，据说一共有 52 种之多，遗憾的是到今天大多数都散失或只剩下零散的残篇了。

德谟克利特在自然科学上最重要的贡献，是他继承和发展了生活于公元前 500 年前后的留基伯的原子论，为现代原子科学的发展奠定了基石。留基伯是古希腊爱奥尼亚学派中的著名学者。他首先提出物质构成的原子学说，认为原子是最小的、不可分割的物质粒子，原子之间存在着虚空，无数原子从古以来就存在于虚空之中，既不能创生，也不能毁灭，它们在无限的虚空中运动着构成万物。

德谟克利特是留基伯的学生，他继承并发展了留基伯的原子学说，指出宇宙空间中除了原子和虚空之外，什么都没有。原子一直存在于宇宙之中，它们不能被从无中创生，也不能被消灭。任何变化都是它们引起的结合和分离。原子在数量上是无限的，在形式上是多样的。在原子的下落运动中，较快和较大的撞击着较小的，产生侧向运动和旋转运动，从而形成万物并发生着变化。一切物体的不同，都是由于构成它们的原子在数量、形状和排列上的不同造成的。原子在本质上是相同的，它们没有"内部形态"，它们之间的作用通过碰撞挤压而传递。根据这样的理论，德谟克利特还提出了他的天体演化学说，即在一部分原子由于碰撞等原因形成的一个原始旋涡运动中，较大的原子被赶到旋涡的中心，较小的被赶到外围。中心的大原子相互聚集形成球状结合体，即地球。较小的水、气、火原子，则在空间产生一种环绕地球的旋转运动。地球外面的原子由于旋转而变得干燥，最后燃烧起来，变成各个天体。德谟克利特的原子论里没有神存在的空间，他认为原始人在残酷而奇妙的自然现象面前感到恐惧，再加上知识的匮乏，只有臆造出神来解释一切的未知。其实，除了永恒的原子和虚空外，从来就没有不死的神灵。他甚至认为，人的灵魂也是由最活跃、最精微的原子构成的，因此它也是一种物体。原子分离，物体消灭，灵魂当然也随之消灭。

德谟克利特发展了留基伯的学说，他的原子论后来又被伊壁鸠鲁和克莱修所继承，再后来被道尔顿所发展，从而形成了近代的科学原子论。但是，他在继承留基伯的原子说时，也延续了留基伯原子不可分的思想，从而留下了永久的遗憾。

德谟克利特是这样用原子论解释认识论问题的：从事物中不断流溢出来的原子形成了"影像"，而人的感觉和思想就是这种"影像"作用于感官和心灵而产生的。这就是他的"影像说"。他还区分了感性认识和理性认识。认为感性认识是认识的最初级阶段，人的感官并不能感知一切事物，例如原子和虚空就不能为感官所认识，当感性认识在最微小的领域内不能再看、再听、再嗅、再摸的时候，就需要理性认识来帮助，因为理性是一种更精致的工具。德谟克利特把理性认识称为"真理的认识"。因为在他看来，原子本身之间没有什么性质的不同，人们感觉所感知的各种事物的颜色、味道都是习惯，是人们主观的想法。德谟克利特的原子唯物论思想是古希腊唯物主义发展的最重要成果。列宁称他是古希腊唯物主义哲学路线的代表。

德谟克利特在很多方面取得了非凡的成就，马克思和恩格斯因此赞美他是古希腊人中"第一个百科全书式的学者"。

点 评

德谟克利特的原子论是古希腊唯物主义发展的最重要成果。列宁称他是古希腊唯物主义哲学路线的代表人物。他的故事告诉我们，无论做什么事，都要专注于你的目标，尽可能地把事情做到最好。

坚持真理的伽利略

　　伽利略，意大利物理学家、天文学家和哲学家，近代实验科学的先驱者。

　　16 世纪末，伽利略在比萨斜塔上做了"两个铁球同时落地"的著名实验，从此推翻了亚里士多德"物体下落速度和重量成比例"的学说，纠正了这个持续了 1900 年之久的错误结论。

　　17 世纪初，伽利略创制了天文望远镜（后被称为伽利略望远镜），并用来观测天体，他发现了月球表面的凹凸不平，并亲手绘制了第一幅月面图。不久，伽利略发现了木星的四颗卫星，为哥白尼学说找到了确凿的证据。借助于望远镜，伽利略还先后发现了土星光环、太阳黑子、太阳的自转、金星和水星的盈亏现象、月球的周日和周月天平动，以及银河是由无数恒星组成等。这些发现开辟了天文学的新时代。

　　为了这些科学研究，伽利略付出了巨大的代价。但是，在传统恶势力的压迫下，他不仅没有屈服，反而用自己的实际行动向人们呼吁真理的到来。

　　伽利略出生于意大利的比萨城。他的祖辈是佛罗伦萨的名门贵族，父亲是音乐家，作曲家，多才多艺，而且还擅长数学，可是他却不愿意自己的儿子将来成为一名数学家或音乐家，希望他能成为一位医生。伽利略11岁时，进入佛罗伦萨附近的法洛姆博罗莎经院学校，接受古典教育。孩提时代的伽利略，好奇心极强，喜欢与人辩论，从不满足别人告诉他的道理，而要自己去探索、去想象。他虽是一个音乐师的儿子，却从小就对"天空的音乐"感兴趣，他父亲说他是一个心不在焉的小星象家，说他常常眼里看见奇象，耳朵里听见异音。在学校里，当老师在解说拉丁文的介词，或意大利文的动词的重要性时，小伽利略的心早就随着父亲给他买的作为生日礼物的那只小气球飞到天外去了。他还喜欢制造机械玩具做游戏，他制作了各式各样的像车、风车、船之类的小玩意儿。

　　17岁时，伽利略进入了比萨大学学医。然而，在大学学习期间，他对医学兴味索然，却迷恋着数学，他深深感到："数理科学是大自然的语言。"为了学好这种语言，他决意献出自己的一生。

　　一天，作为意大利比萨城一个年轻的医科学生，伽利略正在比萨大教堂里跪着，同去做礼拜的同伴们都在专心地听牧师讲道，突然，摆动着的挂灯链条的嘀嗒声惊扰了正在做祈祷的伽利略。这种人们常见的现象，引起了伽利略极大的兴趣。他的思考与牧师的祷告距离越来越远了。他目不转睛地注视着吊灯的摆动，尽管吊灯摆动的振幅逐渐减小，但往返一次所需要的时间似乎都一样。他把右手指按在左手腕的脉搏上测量起来，惊奇地发现：不论灯摆动的幅度多大，每次摆动所需用的时间的的确确是相同的。这个意外的发现，使他仿佛遭到了闪电的突然袭击，引起了伽利略的惊奇。他自问：自己的感觉是正确的吗？不是感觉欺骗了自己，就是亚里士多德"摆幅短需时少"的说法是错误的。究竟是看花了眼，还是发现了奇迹，发现了大自然的一个伟大真理？他在教堂一刻也呆不下去了，拔腿跑回家中。

伽利略回家后，迫不及待地进行了实验，为了取得精确的实验结果，他找来了一只沙钟，准备好鹅管笔、墨水、纸张，认真记录实验数据，并请他的教父帮助他进行这个试验。他找来两根一样长的绳子，在顶端各坠上一块相等重量的铅块，分别将两根绳头系在两根厅柱上。伽利略手拿两个铅摆，分别拉到距垂直线不同的位置，然后同时放开手，让绳索自然摆动，让他的教父数一根绳索的摆动次数，自己数另一根绳索摆动的次数，然后加以比较。经过多次反复实验，发现两根绳索来回摆动的次数总数是一样的。伽利略终于发现：虽然两根绳索起点不相同，但摆动的时间却一样。他发现了摆动的规律，并用数学公式给予了准确的表述：即摆动的周期与摆的长度的平方根成正比，而与摆锤的重量无关。这就是伽利略年轻时发现的著名的"摆的等时性原理"。后来，荷兰的科学家犹更斯就是根据这个原理，制造出了挂摆的时钟。今天，这个原理被更广泛地应用于计数脉搏、时钟计时、计算日食和推算星辰的运动等诸方面。伽利略发现著名的"摆的等时性原理"时，年仅18岁。

伽利略在比萨大学的学习动向和实验活动，引起了学校教授们的不满，因为一个学生要独立思考，简直是不折不扣的异端。后来，伽利略被迫离开了比萨大学，成了一个人所共知的学医失败者。

伽利略回到佛罗伦萨后，在家自学数学和物理，潜心攻读欧几里得和阿基米得的著作，写出论文《水秤》和《固体的重心》，从而引起了学术界的注意。伽利略的母校比萨大学数学教授的席位空缺了，在友人的推荐下，他当上了比萨大学的数学教授。伽利略，这位年仅 25 岁的教授在完成日常教学工作外，开始钻研自由落体问题。

当时，亚里士多德的物理学占支配地位，是毋庸置疑的。亚里士多德认为：不同重量的物体，从高处下降的速度与重量成正比，重的一定比轻的先落地。这个结论到伽利略时差不多近两千年了，还未有人公开怀疑过。物体下落的速度和物体的重量是否有关系：伽利略经过再三的观察、研究、实验后，发现如果将两个不同重量的物体同时从同一高度放下，两者将会同时落地。于是伽利略大胆地向亚里士多德的观点进行了挑战。

伽利略提出了崭新的观点：轻重不同的物体，如果受空气的阻力相同，从同一高处下落，应该同时落地。他的创见遭到了比萨大学许多教授的强烈反对，他们讥笑着说："除了傻瓜外，没有人相信一根羽毛同一颗炮弹能以同样的速度通过空间下降。"他们准备教训伽利略，迫使他在全体教授和学生们面前承认他的观点是荒唐的，让他当众出丑，永世不得翻身。对于亚里士多德信徒们的挑战，性格倔强的伽利略毫不畏惧，为了判明科学的真伪，他欣然地接受了这个挑战，决定当众实验，让事实来说话。

公开的"表演"地点在比萨斜塔。清晨，比萨大学的教授们穿着紫色丝绒长袍，整队走到塔前，洋洋得意地准备看伽利略出丑；学生们和镇上的市民们，也熙熙攘攘地聚集在比萨斜塔下面，想看个究竟。伽利略和他的助手不慌不忙，神色自如，在众人一阵阵嘘声中，登上了比萨斜塔。伽利略一只手拿一个 10 磅重的铅球，另一只手拿着一个 1 磅重的铅球。他大声说道："下面的人看清，铅球下来了！"说完，两手同时松开，把两只铅球同时从塔上抛下。围观的群众先是一阵嘲弄的哄笑，但是奇迹出现了，由塔上同时自然下落的两只铅球，同时穿过空中，轻的和重的同时落在地上。

众人吃惊地窃窃私语："这难道是真的吗？"顽固的亚里士多德的信徒们仍不愿相信他们的崇拜者——亚里士多德会有错误，愚蠢地认为伽利略在铅球里施了魔术。为了使所有的人信服，伽利略又重复了一次实验，结果相同。伽利略以雄辩的事实证明"物体下落的速度与物体的重量无关"，从而击败了亚里士多德的信徒们。正是这次闻名史册的比萨斜塔实验，第一次动摇了亚里士多德在物理学中长期占统治地位的偏见，打破了亚里士多德的神话。后来，伽利略又通过计算，得出了自由落体定律。但是，比萨斜塔实验却惹怒了比萨大学的许多权威人士。从此，年轻的科学家受到守旧派的仇视和迫害，伽利略被从比萨大学排挤了出来。

伽利略从朋友的来信中得知，一位荷兰眼镜商人，在制造眼镜镜片时，能够用凸凹镜片的组合看清远处的物体。伽利略的好奇心又被拨动了，立即开始钻研光学和透镜。他检查了各种类型镜片的曲率以及它们彼此的各种组合方式，用准确的数学公式测量出不同曲率和不同组合所引起的视觉上的效果。经过无数次的试验，他终于研制成了人类历史上第一架放大倍数为 32 倍的天文望远镜。

伽利略最初制造的望远镜只能放大物体几倍，但是这架望远镜比港口瞭望员用肉眼观察可以早两个小时发现进港的船只。当伽利略把这架望远镜献给威尼斯总督后，他获得终身教授的职位，因为对以航海贸易为主的威尼斯来说，望远镜的重要性不亚于一支海军。

伽利略利用望远镜探测广阔的天空。他昼夜进行观测，发现了前人未曾发现过的现象：太阳上有黑子；月亮上有隆起的山脉，低洼的平原；木星有 4 个小卫星绕它旋转；银河是由众多小星群集而成。这是划时代的伟大发现。他根据自己对星团的观测，绘制了天文学史上第一批星团图，出版了《星际使者》一书，向全世界报道了他新颖而富有说服力的观测结果，比较隐晦地宣传哥白尼的观点。

伽利略通过实际观测和深入研究，认为哥白尼的日心说是完全正确的，托勒密地心说则是荒谬的。惨无人道的宗教裁判所监禁了这个 70 岁高龄的老人。

罗马宗教裁判所开庭对伽利略进行审讯，以各种方法逼迫伽利略放弃哥白尼学说。可是，伽利略并没有屈服，他说："我活动的脑子要一直工作下去。"

后来，伽利略双目失明，再也无法进行科学研究了，他痛苦地对朋友说："在最后的日子我再也看不到光明了，以致这天空、这大地、这由于我的惊人的发现和清晰证明后比以前智者所相信的世界扩大了百倍的宇宙，对我来说，这时已变得如此狭小，只能留在我自己的感觉中了。"

1642 年，伽利略，这位伟大的科学家，含冤去世。终年78 岁。三百多年后的一天，一个由世界著名科学家组成的委员会在罗马成立，重新审理"伽利略案件"，为沉冤的伽利略昭雪平反。历史终于显示了它的公正，伽利略终于恢复了他的清白。

点评

伽利略永远地离开了我们，但他坚持真理，敢于与旧势力斗争的精神却鼓舞了一代又一代科学家。直到现在，人们仍争相传颂："哥伦布发现了新大陆，伽利略发现了新宇宙"。这正是伽利略理论的意义和价值所在。

专心致志的安培

安培，法国物理学家，第一个把研究动电的理论称为"电动力学"的人。他的《电动力学现象的数学理论》一书是电磁学史上一部重要的经典论著。

安培生于里昂一个富商家庭。年少时他博览群书，成年后担任法兰西学院实验物理学教授。

安培工作起来专心致志，常常忘了周围的一切，因此还发生了很多趣事。

据说有一次，安培正慢慢地向他任教的学校走去，边走边思索着一个电学问题。经过塞纳河的时候，他随手拣起一块鹅卵石装进口袋。过一会儿，又从口袋里掏出来扔到河里。到学校后，他走进教室，习惯地掏怀表看时间，拿出来的却是一块鹅卵石。原来，怀表已被扔进了塞纳河。

还有一次，安培在街上行走，走着走着，想出了一个电学问题的算式，正为没有地方运算而发愁。突然，他见到面前有一块"黑板"，就拿出随身携带的粉笔，在上面运算起来。那

"黑板"原来是一辆马车的车厢背面。马车走动了，他也跟着走，边走边写；马车越来越快，他就跑了起来，一心一意要完成他的推导，直到他实在追不上马车了才停下脚步。安培这个失常的行动，使街上的人笑得前仰后合。

安培的努力勤奋让他取得了巨大的成就，麦克斯韦称赞安培的工作是"科学上最光辉的成就之一"，还把安培誉为"电学中的牛顿"。

安培在他的一生中，只有很短的时期从事物理工作，可是他却能以独特的、透彻的分析，论述带电导线的磁效应，因此他当之无愧的被称为电动力学的先创者。

为了纪念安培在电磁学上的杰出贡献，电流的单位被命名为"安培"。

点评

看了安培的故事，我们才知道，原来一个人在工作中可以专心到这种程度。希望工作中的我们，能多一点专心，少一些浮躁。

伟大的物理学家欧姆

欧姆是德国物理学家，欧姆定律的发现者。

我们常说，成功的路上并不一帆风顺，当挫折与磨难袭来，能否有足够的勇气去抵挡它们常常会成为一个人能否成功的关键。欧姆之所以成功就是因为他忍受住了责任与诽谤，并一如既往地从事科学研究。他的这种精神终于驱走了乌云，迎来了明媚的阳光。

欧姆诞生于德国巴伐利亚州的埃尔兰根。欧姆的父亲是个技术熟练的锁匠，十分喜爱哲学和数学。在父亲的熏陶和良好的启蒙教育下，欧姆从小就养成了认真读书，喜欢独立思考的好习惯，同时受到有关机械技能的训练，为他日后自制仪器，进行科学研究打下了良好的基础。欧姆对学习一丝不苟，喜欢刨根问底地提问题。有一次，欧姆读一本书时，发现其中有些内容和其他的书不一样，就去向父亲讨教，父亲也未能说清为什么。为了搞清楚，他去翻阅了许多书，并仔细琢磨，直到最后把这个问题弄明白为止。

　　大学毕业后，欧姆先后在几所中学任教，教过数学、物理、拉丁语等课程。不久，欧姆应母校的聘请，回埃尔兰根大学任教。后来，他又被聘为科隆大学预科的讲师，讲授数学和物理学。欧姆深入浅出的讲解，雄辩的口才，使他的课深受学生欢迎，在学生中享有很高的威望。因为他出色的表现，欧姆被提升为科隆大学理工学院数学物理系主任，也是从那时起，他开始系统地研究电学理论。

　　欧姆的研究工作是在十分困难的条件下进行的。一方面，他要完成繁忙的教学任务，另一方面，当时的图书资料和测量仪器都很缺乏。但是欧姆毫不畏缩，他利用教学工作之余，自己动手设计和制造仪器进行电流试验。当时，在电的研究中，科学家们隐约地感觉到电流有一些神秘的规律，但由于没有一种稳定的电源，也没有一种较精确的测量电流强度的仪器，致使探索电流规律的工作十分艰难。但是欧姆以顽强的毅力克服了一切困难。他总结自己的实验，撰写并发表了题为《金属导电规律的初步探索》的论文。在论文排版付印过程中，欧姆发现论文中的公式与试验结果并不完全一样。于是他立即与出版商联系，要求更改。由于论文大部分已印好，出版商不肯重印，只同意另外补发一篇短文来纠正论文中的错误。欧姆没办法，只得勉强接受这个建议。论文和短文同时发表了，短文补充了导体趋近无穷长时，流经电路的电流趋近于零的事实。

　　欧姆的第二篇论文《金属导电规律的确定及伏打电池和施威格检流计的理论要点》也发表了。第二年，又发表了第三篇论文，题目是《伽伐尼电池的数学论述》，终于总结出了欧姆定律。欧姆定律从发表至今，已170余年了，无数的实践都证明了它的正确性，它已成为现代电学和电工学最基本的规律之一。

　　然而在当时，欧姆的研究公布后，不仅没有立即引起科学界的重视，甚至科学学会根本不同意他的见解，理由是欧姆的定律公式太简单了。他们片面地认为第一流科学家都未能解决的问题不会如此简单。有些人甚至对欧姆进行了公开的指责，把欧姆定律斥之为纯属空洞的编造，没有任何一点事实基础。德国的一位物理学家在文章中攻击欧姆的著作说："以虔诚眼光看待世界的人不要去读这本书，因为它纯然是不可置信的欺骗，它的唯一的目的是要亵渎自然的尊严。"

　　然而，在责难和诽谤中欧姆并不气馁，他写信给国王路德维希一世陈述他的发现的重要性和正确性。国王把信转给了巴伐利亚科学院，仍未引起重视。欧姆在给朋友的信中诉苦道："《伽伐尼电路》的诞生已经给我带来了巨大的痛苦，我真抱怨它生不逢时，因为深居朝廷的人学识浅薄，他们不能理解它的母亲的真实感情。"欧姆完全相信自己得出的公式是正确的，并确信科学家们最终会接受这一定律。真理终归是真理，欧姆的这一发现被人们逐渐认识并接受了。德国最早承认欧姆定律的是施威格，欧姆的大部分论文都发表在施威格主办的《化学和物理杂志》上。他在给欧姆的信中，热情地鼓励说："请你相信，在乌云和尘埃后面的真理之光最终会透射出来，并含笑驱散它们。"

　　后来，一些科学家开始注意欧姆定律。德国科学家波根多在试验中重复了欧姆的研究过程，得出了和欧姆相同的结果，波根多再次重复了试验，结果仍相同。这使波根多相信欧姆发现的定律是正确的。他发表文章肯定了欧姆的研究成果。随后，俄国、英国、美国的一些著名科学家都相继重复了欧姆的实验，都证明了欧姆研究成果的正确性。真正"驱散乌云和尘埃的""风暴"来自英国。欧姆发表第一篇论文后的第16年，英国伦敦皇家学会为了表彰欧姆的杰出贡献，授予他科普利金质奖章，这是当时科学界的最高荣誉，从此，欧姆定律开始被人们接受。

62 岁时，欧姆终于实现了自己年轻时的抱负，担任慕尼黑大学教授，并亲自在慕尼黑大学讲授物理学。5 年后，67 岁的欧姆在德国曼纳希逝世。一颗灿烂的巨星陨落了，但他的伟绩长存。他的名字被定为电阻的单位，他发现的定律被称为欧姆定律。

广阔的世界、漫长的人生，未必都充满称心如意的事情。倘若可以没有任何苦恼和忧虑，平平安安地享受太平，就是求之不得了。然而，事实往往不能如此，有时候日坐愁城，有时候一筹莫展，陷于进退维谷的绝境。尽管如此，人往往在悲叹之中，才能领略到人生的深奥；置身绝境，才可以体验到社会的真滋味。把"置身绝境"看成是"以身体验"的珍贵的机会。明白这点，则面临艰难，能勇气百倍、精力充沛。

点评

在黑暗中徘徊时，阳光可以指引你前行的路，而在悲叹之中，才能领略人生真义。

努力奋斗的法拉第

法拉第是英国物理学家、化学家，也是著名的自学成才的科学家。他主要从事电学、磁学、磁光学、电化学方面的研究，并在这些领域取得了一系列重大发现。

出身贫寒的法拉第，就是凭着自己对科学矢志不渝的热情，不懈努力的精神取得了巨大的成就。

迈克尔·法拉第出生在一个铁匠的家里。他父亲体弱多病，铁匠铺开不下去了，最后只好卖给别人，自己去当帮工。为了维持生活，法拉第12岁当报童，13岁去里波先生的书店当学徒，学装订手艺。从此，法拉第走上了承担家庭生活重担的道路。

在里波先生的书店里，到处是书。对法拉第来说，这里是智慧的源泉，知识的海洋。他像一块巨大的海绵，在知识的海洋里贪婪地吸吮着。劳动了一天以后，他在微弱的烛光下拼命地读书。书里讲的那些电的现象和化学实验，把法拉第迷住了。他渴望把书上讲的那些实验能做一遍，可是，法拉第太穷了，根本没有钱来买仪器和药品。

里波先生的书店在伦敦是很有名气的，加上法拉第手艺出众、态度和气，赢得了顾客的好感。因此，皇家学会很多会员，都乐意把自己的科技书籍送来装订。顾客中有位当斯先生很喜欢法拉第，有一次他送给法拉第 4 张入场券，让他去皇家学院听大化学家戴维的讲座。

那天晚上，法拉第生平第一次跨进皇家学院的大门，坐在阶梯形的讲演厅里。他的心情紧张而又焦急。那天，戴维讲的题目是发热发光物质，讲得既轻松又透彻，而且，他精神抖擞，神采奕奕，天才的光华和热力，似乎正从他的身上向外辐射。法拉第被深深地吸引住了，他飞快地记着，笔记本翻过一页又一页。

法拉第连续听了戴维的 4 次讲座，好像游历了美丽、庄严、圣洁的科学殿堂，那里阳光灿烂，照得他心里光明、温暖。他把 4 次听讲的笔记仔细整理以后，用漂亮的皮封面装订成册。他经常轻轻地翻阅，多么渴望能从事科学研究工作啊！

遗憾的是，在那个时代，命运对穷人从来不露出笑脸。但是，也有许多穷人并不屈从，他们顽强地和命运搏斗。法拉第就是其中最顽强的一个。这个铁匠的儿子，从小爱看父亲挥舞大锤，一下一下地锻打烧红的铁块。铁块变冷变硬以后，父亲把它放在炉火里重新烧红。经过千锤百炼，铁坯终于按照人的意志变成各种工具。父亲曾经自豪地对他说：铁匠面前永远没有顽铁。多少年来，父亲的话一直激励着他。

于是，他决定写信给当时的英国皇家学会会长班克斯爵士，要求在皇家学院找个工作，哪怕在实验室里洗瓶子也行。他心神不宁地等了整整一个星期，音信全无。他忍不住跑到皇家学院去打听，得到的回音只是冷冰冰的一句话："班克斯爵士说，你的信不必回复！"

受到这个屈辱的打击，法拉第感到伤心。但他毫不气馁。他想起自己学画的经历。法拉第从小就练得一手好字。至于绘画，他是从一个名叫马克里埃的法国画家那里学来的。那位曾经给拿破仑皇帝画过像，后来横渡英吉利海峡，流亡到伦敦的画家，恰好借住在里波先生铺子的楼上，和法拉第成了邻居。画家看到法拉第学画心切，答应教他。作为交换条件，法拉第要替画家擦皮靴和收拾房间。画家心眼不坏，教得也很认真，可脾气不好，经常责骂法拉第。法拉第逆来顺受，坚持跟他学画，终于学会了投影和透视，能够逼真地、艺术地把眼前的东西画下来。从这段经历中，他体会到：只有忍辱负重，敢于向命运挑战，才能把本来不属于自己的东西追求到手。

法拉第又一次向命运挑战了。他鼓起勇气给戴维写信，并且把装订成册的戴维4次讲座的笔记一起送去。法拉第巨大的热情、超人的毅力和献身科学的精神，感动了这位大化学家。法拉第到皇家学院化学实验室当了戴维的助手。科学圣殿的大门向学徒出身的法拉第打开了！

请不要抱怨生活对你不公，因为埋怨得太多会失去追求的动力，换个角度想，或许你拥有的别人还没有；不要痛恨自己失去的太多，痛恨的时候你会失去更多……广阔的蓝天，大自然留给我们的财富足以让我们用一生去享用。只要我们懂得细细品味，能够执著追求，我们就会发现生命中丰富的内涵。只有坚强的意志，不懈的努力才是打开科学大门的真正钥匙。

点评

法拉第对科学坚忍不拔的探索精神，为人类文明进步纯朴无私的献身精神，连同他的杰出的科学贡献，永远为后人敬仰。

站在巨人肩上的牛顿

牛顿，是英国伟大的数学家、物理学家、天文学家和自然哲学家。他在数学、力学、光学等方面都取得了巨大的成就。

有人认为，牛顿的成功是源于他对科学的极端热情和执著追求，而发生在他身上的一些故事就是这种说法的最好证明。

在英国北部林肯郡的一个名叫乌尔斯索普的村庄里，一个年轻而又虚弱的母亲生下了一个只有 3 磅重的婴儿。给他接生的产婆甚至没有料到这个瘦弱的、先天不足的、苍白的畸形小孩会活下来。她说："咳，这么一个小不点儿，我简直可以把他塞进一只杯子里去！"这就是命运将这个叱咤风云的科学家——牛顿诞生到世界上来的那种如同玩笑似的方式。

牛顿是个遗腹子，在他出生前几个月，父亲因病去世。3年后，他的母亲为生活所迫改嫁给一个牧师，搬到别的地方，把牛顿交给他的外祖母抚养。直到牛顿 14 岁时，母亲改嫁后的丈夫病故后，她才重新回到家乡，把牛顿从寄宿学校里接回家来。少年时代的牛顿爱好数学，注意观察周围的事物，尤其喜欢动手制作各种机械玩具。他把平时省下来的零用钱买了小锯子和铁锤等各种工具，动手模仿或设计制造各种各样的小东西。有一天，他对房东药剂师的小舅子说："可以将地下室里的那个木桶给我吗？我将用它做一只钟，我有把握说，你将再不会因为不知道准确时间而迟到了。"于是，他动手做了一只"水钟"。他在木桶里刻了一些线条，桶底开了个小洞，每天早晨，将适量的水注入桶内，等水漏到某一刻线，就是正午，即吃午饭的时候。

离他外祖母家不远的地方，有一架风车。牛顿经常跑到那里去仔细观察，把那个风车的机械原理完全摸透了，他决定自己动手造一架与其不同的风车，要比所有的都好。而且，推动风车转动的，不是风而是动物。他别出心裁地把一只老鼠缚在一架有轮子的踏车上，然后在轮子前面，在这个饥饿的踏车老鼠恰恰可望而不可即的距离处，放上一粒玉米。老鼠想吃玉米，就踏呀，踏呀，使轮子转个不停。牛顿兴奋地叫道："相信大自然是会叫机械转动的！"

牛顿充满理想，脑子里总想着各种学习问题。母亲让他放牧，他牵马上山，边走边想着天上的太阳，待走到山顶想骑马时，马早已跑得无影无踪了，自己手里只剩下一条缰绳；叫他放羊，他专心致志地在树下看书，以致羊群走散，糟蹋了庄稼。舅父叫佣人陪他一起上市场，让他熟悉一下做交易的生意经。但是，每次走近镇子的时候，牛顿便恳求佣人一个人去镇上做交易。他说："在回来时，你可以到这儿来找我，我将在小树丛后面读我的书。"每次交易的成功，使牛顿的舅父对生意的真实性起了疑心。一天，他跟踪牛顿上集镇去，发现牛顿伸着腿，躺在草地上，正在聚精会神地研究一个数学问题。牛顿的舅父无可奈何地对牛顿说："还是回去念你的书吧！"

16岁时，牛顿做了第一次物理实验，测量顺风跳跃和逆风跳跃的距离，为了测验风力，牛顿在暴风雨中跑来跑去，淋得浑身湿透，把他母亲吓坏了，以为他"疯"了。19岁时，勤奋好学的牛顿以优异的成绩，考入了著名的剑桥大学三一学院。学院优越的教学设备、众多的图书资料、浓厚的学术气氛，以及许多享有盛誉的老师，使牛顿获益匪浅。大学期间，他更加刻苦攻读，悉心钻研数学、光学和天文学，为后来的重大科学发现打下了坚实的基础。

学院里的巴罗教授发现牛顿具有非凡的才能，推荐他当研究生，并为他指出了攀登科学高峰的方向。经过考核，巴罗让牛顿做他的助手。第二年，牛顿获剑桥大学学士学位，大学毕业后牛顿留在大学研究室，开始了他的科研生涯。

不久，一场可怕的瘟疫在伦敦流行，剑桥大学被迫停课，牛顿因此回到故乡。在家乡躲避瘟疫的18个月，可以说是牛顿一生中最重要的一个时期。这期间，他系统地整理了大学里学习过的知识，潜心钻研开普勒、笛卡儿、阿基米得、伽利略等前辈科学家的主要论著，还进行了许多科学试验。几乎他所有最重要的发现：万有引力定律、经典力学、微积分、光学等基本上都萌发于这段时期。

万有引力定律的发现是牛顿在自然科学中最辉煌的成就。在乡下时，牛顿非常注意观察太阳、月亮和星辰的运行。脑海里经常长久地思考着一个问题：对于天体的运动能不能从动力学的角度去解释？

一天，牛顿正坐在花园里的苹果树下专心地思考着地球引力的问题，忽然，一只熟透了的苹果从树上掉下来，正好打中牛顿的脑袋，然后滚落进草地上一个小坑洼里。牛顿顾不得去揉一揉被苹果打疼的脑袋，便被苹果落地这一十分普通的自然现象所吸引。

他问自己，苹果为什么不掉向天空，却偏偏落向地面呢？

如果说苹果有重量，那么重量又是怎样产生的呢？牛顿进一步思索着苹果和地球之间相互吸引的问题。他想，地球大概有某种力量，能把一切东西都吸向它吧。物体所具有的重量，可能就是受地球引力的表现。这说明苹果和地球之间有相互引力，而这种引力在整个宇宙空间可能都是存在的。他将人们的想象由一只苹果的落地引向了星体的运行。牛顿思索着：地球的引力如果没有受到阻止，那么月亮是否也会受到地球的吸引力呢？月亮总是按照一定的轨道，绕地球旋转而不会越轨跑掉，不正是地球对它有吸引作用的结果吗？他又进一步推想到：各个行星之所以围绕着太阳运转，也必定是太阳对它们的吸引作用产生的。

牛顿在探索苹果落地之谜后得出结论："宇宙的定律就是质量与质量间的相互吸引。"从行星到行星，从恒星到恒星，这种相互吸引的交互作用，遍及无边无际的空间，使宇宙间的每一事物都依照它既定的轨道，在既定的时间，向着既定的位置运动。牛顿把这种存在于整个宇宙空间的相互吸引作用称之为"万有引力"。

这样，"苹果落地"的故事成为科学史上的一段佳话，在民间广为传诵。

牛顿一生是独自度过的，没有结过婚。在他青年时代，曾经与他的表妹相恋过。有一次，他轻轻地握着表妹的手，含情脉脉地看着这位美人。正在这紧要时刻，他的心思忽地溜到另一个世界去了，头脑中只剩下了无穷量的二项式定理。这时，已经走神的思想又开了小差，像做梦似的，他的手抓住了情人的一个手指，错把手指当成通烟斗的通条了，硬往烟斗里塞。表妹痛得大叫起来，牛顿这才清醒过来，满面羞愧地连连道歉："啊！亲爱的，饶恕我吧！我知道，这事不行了。看来，我是该一辈子打光棍的！"就是因为太专心研究学问了，牛顿

— 41 —

始终未能解决自己的终身大事。

牛顿如痴如醉地学习和研究，一生闹了许多笑话。一次，牛顿边读书边煮鸡蛋，待他想吃鸡蛋，揭开锅子一看，里面煮的竟是他的怀表。原来，他脑子里总想着研究的问题，鸡蛋没有放进锅里，却把怀表扔了进去。还有一次，牛顿家里来了一位分别已久的好朋友。牛顿十分高兴，请朋友一同吃饭，菜已摆好，牛顿想起家里还有一瓶高级葡萄酒，便对朋友说："我有一瓶很好的葡萄酒。让我去拿来一同喝吧！"他请朋友稍等片刻，自己去拿酒。可是，朋友等了好久，仍不见牛顿回来。于是，朋友去找牛顿，发现他正聚精会神地在实验室中埋头搞他的研究呢！原来，牛顿在拿酒的时刻，忽然想起一个问题，需要试验一下，竟把拿酒和请朋友吃饭的事忘得精光。

牛顿在临终前谦虚地说："在科学的道路上，我只是一个在海边玩耍的小孩子，偶然拾到一块美丽的石子。至于真理的大海，我还没有发现呢！""如果我的见识，真有超过笛卡儿的地方，那也因为我是站在前辈伟人的肩膀上，才能望得远啊！"

点评

牛顿的成功是因为他有一种善于思考，专注于学问的精神。现实中，很多人感叹自己不成功，总觉得自己想要的，离自己的生活太远，遥不可及的目标总是不容易被实现的。其实，只要执著地走下去，你也有成功的一天。

发明电池的伏特

伏特，意大利物理学家，电池的发明者。

伏特出生于意大利科莫一个富有的天主教家庭里。伏特对科学的爱好似乎是与生俱来的，他在青年时期就开始了电学实验。16 岁开始与一些著名的电学家通信，其中有巴黎的诺莱和都灵的贝卡里亚。

贝卡里亚是一位很有成就的国际知名的电学家，他劝告伏特少提出理论，多做实验。事实上，伏特年青时期的理论思想远不如他的实验重要。随着岁月的流逝，伏特对静电的了解可以和当时最好的电学家媲美。不久他就开始应用他的理论制造各种有独创性的仪器。

伏特制造的仪器的一个杰出例子是起电盘。一块导电板放在一个由摩擦起电的充电树脂"饼"上端，然后用一个绝缘柄与金属板接触，使它接地，再把它举起来，于是金属板就被充电到高电势，这个方法可以用来使莱顿瓶充电。这种操作可以不断地重复。这一发明以后发展成为一系列静电起电机。

在反复的时试验中，伏特强烈地感到，他必须定量地测定电量，于是他设计了一种静电计，这就是各种绝对电计的鼻祖，它能够以可重复的方式测量电势差。

在伏特 55 岁时他宣布发明了伏达电堆，这是历史上的神奇发明之一。因为，电堆能产生连续的电流，它的强度的数量级比从静电起电机能得到的电流大，因此开始了一场真正的科学革命。

为了纪念伏特，人们将电动势单位取名伏特。

点评

发现电堆能，引发了一场真正的科学革命。就这样伏特用坚持和信心把自己的名字留在了世界物理学的舞台上。

逆境中奋起的哈密顿

哈密顿，英国著名物理学家，发现四元数，并将之广泛应用于物理学各方面，对光学、动力学的发展做出了重要的贡献，他的成果成为量子力学中的主干。

哈密顿建立了光学的数学理论。后来又把这种理论移植到动力学中去，提出哈密顿原理，把广义坐标和广义动量作为典型变量来建立动力学方程，推动了变分法和微分方程理论的进一步研究，并在现代理论物理中得到了广泛的应用。

哈密顿自幼聪明，被称为神童。他 3 岁能读英语，会算术；5 岁能译拉丁语、希腊语和希伯来语，并能背诵荷马史诗；9 岁便熟悉了波斯语、阿拉伯语和印地语。14 岁时，因在都柏林欢迎波斯大使宴会上用波斯语与大使交谈而出尽风头。然而，哈密顿的生活却不如想象般如意。年少时，他家境贫苦，家中兄弟姐妹很多，常常不能温饱。成年后，自己喜欢的女孩不喜欢自己，仓促的婚姻又不幸福。然而，哈密顿并没有放弃自己。

哈密顿工作勤奋，经常不能正规用餐，而是边吃边工作。

他去世后，在他的论文手稿中还找到不少肉骨头和吃剩的三明治等残物。哈密顿思想活跃，发表的论文一般都很简洁，别人不易读懂，但手稿却很详细，因而很多成果都是由后人整理而得。仅在"三一"学院图书馆中的哈密顿手稿，就有 250 本笔记及大量学术通信和未发表论文。爱尔兰国家图书馆还有一部分手稿。

19 世纪 30 年代，哈密顿发表了历史性论文《一种动力学的普遍方法》，成为动力学发展过程中的新里程碑。文中的观点主要是从光学研究中抽象出来的。他提出的哈密顿原理不但数学形式紧凑，且适用范围广泛，可扩充用于电动力学和相对论力学。用其原理，还可以通过变分的近似算法，直接求解力学问题。他的研究工作涉及不少领域，但在科学史中影响最大的是他对力学的贡献。哈密顿量是现代物理最重要的量，当我们得到哈密顿量，就意味着得到了全部。

点评

　　尽管家境贫寒，感情不顺，但哈密顿从未停止过对科学领域的探索，他的故事告诉我们，人生不可能事事如意，但只要有一颗积极向上的心，就会取得成就。

自学成才的焦耳

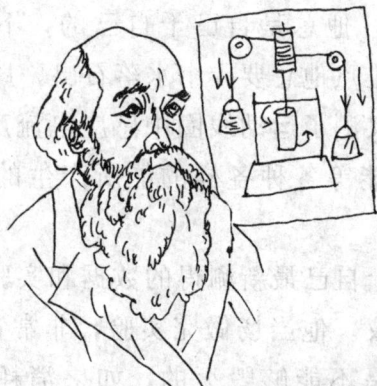

焦耳是英国著名物理学家，也是一位靠自学成才的杰出的科学家。由于他在热学、电学和热力学方面的贡献，被授予英国皇家学会柯普莱金质奖章。

焦耳是一位主要靠自学成才的科学家，他对物理学做出重要贡献的过程不是一帆风顺的。他是通过自己坚持不懈的努力才获得公认的。

焦耳从小体弱多病，不能到学校去学习，只能在家里自学。他后来又投到道尔顿门下学化学、物理、数学。焦耳的父亲是一位啤酒商，他为儿子留下了一个啤酒厂，焦耳便一边经营啤酒厂一边研究科学。在长期的酿酒过程中，使他懂得准确测量的重要性。自从他听说法拉第发现电磁感应后，他又迷恋于电的研究，真是条条大道通罗马，就像迈尔从静脉血液的颜色想到能量转化一样，焦耳从导线通电后可以发热，想到了电能和热能的相互转换。22岁时，他便发现将通电金属丝放在水里，水会因此而发热。经过多次精细地测试，他得出了一条定律：通电导体所产生的热量跟电流强度的平方、导体的电阻和通电时间成正比，这就是有名的焦耳定律。当时焦耳将自己的结论写成论文，送给英国皇家学会。但是这篇文章，一直拖到第二年10月才在《哲学杂志》上登出。

焦耳的性格谦和大度又极具有韧性。无论社会上承认不承认，重视不重视，他总是自己干自己的，不去听别人评论长短，对所遇到的难点他总要弄个水落石出。1843年他测了水电解时产生的热，又测了运动线圈中感应电流产生的热，计算出无论化学能、电能等各种各样的能所产生的热都相当于一定的功。

一次，他带上自己最新测得的数据和实验仪器，参加在剑桥举行的学术会议。他当场做完实验，非常肯定地宣布："自然界的力（能）是不能够毁灭的，如果消耗了机械力（能），总能得到相当的热"。台下的都是一些赫赫有名的大科学家，他们对这种闻所未闻的理论一个个听得直摇头，连法拉第也转过身来对身边的人说："这恐怕不可能吧。"其中有一人当时便十分恼火。此人叫威廉·汤姆森，后来的英国皇家学会会长，这年才21岁，但已是一个远近闻名的才子了。他父亲是格拉斯大学的数学教授，他8岁就跟随父亲听大学的数学课，10岁就正式考入该大学，后又到剑桥学习，这年刚毕业就获得了数学学士和史密斯奖章，自认为早已是学富五车，才高八斗，那些数理化的规律早就滚瓜烂熟于心。今天听了焦耳的这段奇论，他转身问道："这台上站着的是哪个大学的教授？"别人告诉他是曼彻斯特啤酒厂的老板。他鼻子一哼道："原来是个酿酒匠啊，也配来这里讲演？"说完起身退出了会场。台下的议论，汤姆森的举动，焦耳自然也都看在眼里听到耳中。但他不将这些放在心上，回到家里继续一边酿酒，一边搞业余研究。他不仅用水来测机械能转化成的热，还换了水银、鲸鱼油、空

气，又用铁片摩擦生热，这样锲而不舍地进行实验竟持续了近
4年，其毅力实在是惊人。终于，焦耳设计出一种后来在科学
史上很著名的实验，即用一个密封水桶在里面装上桨，桨上有
轴，轴与两边的重物相连。这样重物下降便带动桨的转动，从
而使桶内的水摩擦生热而通过下降的高度来求热功当量。这年
英国科学协会又在牛津召开会议。会议主席一见他来便皱起眉
头说："焦耳先生，你的那些东西据我所知现在还没一票支持，
最好不要再浪费时间了。""我匆匆赶来正是为了取得支持，我
相信经过现场表演，这些聪明的教授会看得懂其中的道理，会
支持我的。"

"那好，但实在是时间有限，请只介绍实验，报告就不必
做了。"

"可以。"

焦耳将他的仪器摆好，转动摇把，让重物升高下降，又测
出桶内水的温度说："你们看机械能就是这样可以定量地转化
为热，反过来 100 卡的热也和 423.9 千克米的功相当。"

他话还没有说完，突然台下站起一个人来高声说道："这
简直是胡扯！热是一种物质，热素，它与功毫无关系。"焦耳
抬头一看说话的正是汤姆森，想不到今天他又来了，真是冤家
路窄。

现在的汤姆森已是格拉斯大学的教授，春风得意，而比汤
姆森大 6 岁的焦耳却还是一个酿酒匠。焦耳对汤姆森的无礼并
不以怨相报，他让自己冷静一下，以一种温和的语调说："热
不能做功，那蒸汽机里的活塞为什么会动呢？能量要是不守
恒，那永动机为什么总是造不成呢？"

这个酿酒匠不紧不慢，不软不硬的两句话顿时使会场内鸦
雀无声。焦耳虽然没有教授的风度，但是他酿酒房里训练出来
的熟练的操作技巧，精细的计算、推理，全都无懈可击，再加

上他那双谦虚的眼睛，诚恳的笑容，使这些教授们不得不认真思考起来，一会儿纷纷起来发言，争论得好不热闹。他们上前用眼看、手摸，仔细检查了焦耳的仪器，实在是新颖简明，不能不佩服这个啤酒匠的才智。再说汤姆森自以为聪明多才，不想今天在会上碰了这个钉子，羞愧难当。他回到学校后，也自己动手做起实验来。不久，他在资料室里随意翻阅旧杂志，竟发现前几年迈尔发表的那篇论文，其思想与焦耳完全不谋而合，这才使他大吃一惊。他忙将这篇论文藏在怀里，又带上自己最新的实验结果，急匆匆地赶去见焦耳。他抱定负荆请罪的决心，想请焦耳原谅他过去的傲慢，共同来探讨这个伟大的发现。却说汤姆森来到啤酒厂里，只见满地酒糟、酒瓶。他打听焦耳，别人指向一所房子，他推门进去，酒气扑鼻，雾气腾腾，只见一个身系帆布围裙的大个子正在指挥工人添料、加水。他一眼就认出这就是两次在台上讲演的那个身影，忙趋前几步说道："焦耳先生，汤姆森前来拜访您。"焦耳满手酒浆，回头一看，不提防却是他这个论敌。看他这身笔挺的教授服装，一副诚恳的神态，不知出了什么事。忙双手在围裙上抹了两把，喊道："原来是您，汤姆森教授，快到实验室里去休息吧。"两人在实验室里坐定。汤姆森打量着他这间堆着酒瓶、酒罐和各种代用仪器的实验室，暗暗被焦耳这种坚韧不拔的精神所折服。待焦耳洗了手，换了衣服，他站起来说："焦耳先生，看来是您对了，我今天是特来认错的。""哪里，哪里。我自己也还有很多地方没有弄通，正要向您求教呢。""您看，我是看了这篇论文后，才感觉到你们是对的。"说着就掏出迈尔的文章。焦耳不看则罢，一看，刚才脸上的喜色顿时消失了："汤姆森教授，可惜您再也不能和他当面讨论问题了。这样一个伟大的天才因不为世人所理解，已经愤而跳楼自杀了。"

"啊？"汤姆森惊讶地喊道："他已经不在人世了吗？"

"在，不过已神经错乱，住进精神病院里，怕难康复了。"

汤姆森低下了头，半天一句话都说不出。一会儿才抬起头，用真诚的目光看着焦耳的眼睛，说："实在对不起。我现在才知道自己的罪过。过去我，我们这些人曾给了您多大的压力啊。焦耳先生请您原谅，一个科学家在新观点、新事物面前有时也会表现得非常无知的。"

焦耳连忙上前扶他坐下说道："汤姆森教授，请不要这样说。这是由于我的实验也有许多不完善之处，难以立即服人。"他为了缓和一下气氛又补充道："况且我这个人一向会自我解嘲，反正我这里有的是酒，不顺心时喝上几大杯，也就愁云四散了。所以我经常醉，却永不会疯的。"说完他先哈哈大笑了。

从此，焦耳和汤姆森成了一对密友。汤姆森毕竟受过专门训练，他帮助焦耳完成了关于能量守恒和转化定律的精确表述。至此，辩证唯物主义得以产生的基础，自然科学中的三大发现之一的能量转化和能量守恒定律宣告得到公认。后来两人又合作发现了著名的汤姆森——焦耳效应，即气体受压通过窄孔后会发生膨胀降温，为近代低温工程奠定了基础。从这个故事中我们看到：做任何事只要半途而废，那前面地辛苦就等于白费。唯有经得起风吹雨打及种种考验的人，才是最后的胜利者。

点评

不经一番寒彻骨，哪得梅花扑鼻香？我们要像焦耳一样，不到最后关头，绝不轻言放弃，要一直不断地努力下去，以求取最后的胜利。

永远被后人铭记的麦克斯韦

麦克斯韦，英国物理学家，近代物理学的巨匠、现代物理学的先驱，经典物理学大厦的主要完成者之一。

麦克斯韦的电磁学理论对人类的社会生活起着积极的作用，尽管，麦克斯韦生前没有看到这一点，但是，在电磁学理论被广泛应用的今天，人们不会忘记这个伟大的科学家。

麦克斯韦出生在苏格兰爱丁堡的一个名门望族，他在 14 岁时就写了第一篇科学论文，次年发表在爱丁堡皇家学会的刊物上。中学毕业后进入爱丁堡大学学习数学、物理学和哲学。接着转入剑桥大学三一学院，主攻数学和物理学并以优异成绩毕业。

麦克斯韦从剑桥大学毕业后不久就开始研究电磁学。他选择了"场"的概念作为研究的出发点。麦克斯韦从场的观点对法拉第电磁感应定律进行了理论分析，提出了著名的麦克斯韦方程组。这组方程不仅标志着经典物理学大厦的最后完成，而且预见了电磁波的存在，并证明电磁波传播的速度与真空中的光速是相同的。在此基础上，麦克斯韦认为光是频率介于某一范围之内的电磁波。这是人类在认识光的本性方面的又一大进步。正是在这一意义上，人们认为麦克斯韦把光学和电磁学统一起来了，这是 19 世纪科学史上最伟大的综合之一。

在电磁理论形成以前，人类的活动中没有电报、电灯、电话、收音机、电视机，更没有发电机、电动机、变压器等，而这一切都是电磁理论的产物，是人类智慧的结晶。可以说，电磁理论的形成和应用是科学时代到来的标志。电力的应用是继机械力之后最伟大的动力革命，其对社会经济和生活的意义更远远超出机械力。20 世纪计算机的发展也要依赖电磁理论。而今天，电磁波已经成了信息时代最基本的物质载体。

当时，剑桥大学悬赏解决土星光环的组成和稳定性问题。麦克斯韦运用概率理论导出了著名的麦克斯韦速度分布率。他的这一工作奠定了气体统计力学的基础，标志着物理学新纪元的开始。统计观念的确立是近代物理学思想上的一个重要转变，它不仅在近代机械自然观上打开了一个缺口，而且为量子力学的建立和发展提供了思想武器和方法工具。

麦克斯韦的另一项重要工作是筹建了剑桥大学的第一个物理实验室——著名的卡文迪许实验室。该实验室对整个实验物理学的发展产生了极其重要的影响，作为该实验室的第一任主任，麦克斯韦批评当时英国传统的"粉笔"物理学，呼吁加强实验物理学的研究及其在大学教育中的作用，为后世确立了实验科学精神。

麦克斯韦生前没有享受到他应得的荣誉，因为他的科学思想和科学方法的重要意义直到 20 世纪科学革命来临时才充分体现出来。但后人永远记住了他的名字。

点 评

在科学领域里，有很多人的名字我们无从知晓，有更多人的名字让我们永远铭记，当我们享受着他们的研究成果的时候，我们要保留一颗感恩的心。

电磁波的发现者赫兹

　　1894 年元旦这天，波恩大学教授，著名的德国物理学家赫兹英年早逝，年仅 37 岁！赫兹的一生虽然短暂，但他发现电磁波的杰出贡献，却一直为后世传诵。

　　19 世纪 60 年代，麦克斯韦提出电磁场的理论，并从理论上推测到电磁波的存在，可惜他也是英年早逝，只活了 48 岁，未能用实验来证明自己推测的正确性。当时，没有人能理解麦克斯韦的学说，因此，他的功绩在他生前并未得到重视，直到他死后近 10 年，赫兹发现并证明了电磁波存在后，人们才意识到麦克斯韦理论的重要性。如果把电磁理论的建立比作一座宏伟的大厦，那么，为这座大厦奠定坚实地基的是法拉第；在坚实的地基上建成这座大厦的是麦克斯韦；为这座雄伟的大厦进行内部装修，使它能够最后被人们广泛使用的是赫兹。人们为了纪念这位年轻的科学家为人类做出的不朽功勋，用他的名字来命名物理学和数学的一些概念，如"赫兹波"、"赫兹矢量"、"赫兹函数"等，并采用"赫兹"作为频率的单位。

亨利希·赫兹生于德国汉堡一个富裕的市民家庭里。他的父亲是个律师，后来当选为参议员。赫兹小时候先在私立学校读书，后来才转进市立学校学习。赫兹在少年时代就显示出自己非凡的聪明才智以及出众的实验才能。由于他超群的天资和刻苦钻研，在校时各门功课均名列前茅，不仅数学、自然科学、英语、法语等必修课是这样，就是阿拉伯语等选修课成绩也很突出，以致他的老师建议他去学东方学。老师给他的毕业评语是："这位中学毕业生具有敏锐的逻辑、可靠的记忆和叙述问题的灵巧，缺点是讲话有些单调。"赫兹少年时期就非常喜爱动手做实验，开始进行一些简单的自然科学实验，特别喜欢做力学和光学实验。为了提高自己的动手能力，他利用课余时间去向一位细木工学习手艺，还去向车工师傅学习车工技术，练就了一双灵巧的手。星期天，赫兹从来不休息，他在学校里学习制图。有趣的是，后来当他的车工师傅得知赫兹当了物理学教授的消息时，曾带着惋惜的口吻赞叹道："唉！真可惜！赫兹本该是一个多么出色的车工啊！"中学毕业后，赫兹认为自己将来适合当一名建筑工程师。于是，赫兹考入了德累斯顿高等技术学校，学习工程学。这年秋天，赫兹应征入伍，在柏林铁道兵团服兵役一年。第二年秋天服役结束后，赫兹进入慕尼黑大学，继续学习工程学。在这里，他有机会聆听了著名物理学家菲利浦·冯·约里的物理课和数学课。菲利浦·冯·约里曾是诺贝尔物理学奖获得者普朗克的老师，他深入浅出的讲授，深深吸引着他的学生们，也挑动了赫兹的好奇心，使赫兹对物理学和自然科学产生了极大的兴趣。赫兹征得父亲同意后，弃工从理，专门攻读物理学和数学，拜约里为师。在导师的指导下，赫兹认真刻苦地钻研法国著名数学家、物理学家、天文学家拉格朗日、拉普拉斯、泊松等人的经典著作和科学史，特别仔细地阅读了拉格朗日的《分析力学》、《解析函数论》；拉普拉斯的《概率论的解析理论》；以及泊松的《热的数学理论》等数学专著，为自己今后的科学发现奠定了坚实的理论基础。当时，著名数学家和物理学家亥姆霍兹和基尔霍夫都在柏林大学授课，为了能够听到这两位著名教授的课，赫兹申请转入柏林大学学习。从此，成为亥姆霍兹和基尔霍夫的得意门生。亥姆霍兹是能量守恒和转换定律的奠基人之一，他以科学家特有的敏锐眼光，很快就发现了这位年轻好学的大学生的卓绝才能，并决定从各方面培养赫兹。亥姆霍兹说："还在他进行基本的实际操作时，我就感到自己有责任培养这位天赋非凡的学生。"在导师的指引和帮助下，加上赫兹本身的顽强拼搏，努力探索，他终于也成长为一名著名的物理学家，最早发现了电磁波。因此，赫兹终生都对自己的导师怀着深切的感激之情。

　　一年暑假，亥姆霍兹为柏林大学哲学系学生出了一道物理竞赛题，这个题目要求用实验来证明：沿导线运动的电荷是否具有惯性。赫兹兴致勃勃地参加了比赛，取得了最好的成绩。柏林大学校长爱德华·策勒尔亲自授予赫兹一枚金质奖章，这是赫兹一生中获得的第一枚奖章。

　　在亥姆霍兹的指导下，赫兹以《旋转球体中的感应》的论文，取得了优异成绩，获得博士学位，留在亥姆霍兹研究所，给亥姆霍兹当了两年半助手。在这期间，赫兹潜心钻研了有关热力学、弹性理论、固体和蒸发等理论问题，并进行了大量实验，发表了近 20 篇论文。同时，他还帮助亥姆霍兹指导实习生。

　　接着，赫兹开始研究稀薄气体中的光现象。为了使实验更加精确，赫兹亲手制作了许多实验仪器，如电功计、湿度表等，花费了大量时间，他后来写道："我几小时几小时地做的工作是：一个接一个地钻孔，弄弯白铁皮，然后再花几个小时油漆白铁皮，凡此等等。"一年后，赫兹发表了辉光放电的论文。赫兹的研究实际上是关于阴极射线的研究，为后来伦琴射线的发现开辟了道路，并由此揭开了物质结构之谜。后来，赫兹接受基尔霍夫教授的建议，转到基尔大学，担任数学物理讲师。

在基尔大学任教期间，赫兹除了认真讲课外，还利用很多时间专心致志地钻研电动力学。几年后，赫兹被聘为卡尔斯鲁厄高等技术学校的物理学教授。他开始攻克几年前亥姆霍兹提出的柏林科学院悬赏奖的问题。亥姆霍兹在综合了当时电磁学的研究成果，特别是麦克斯韦电磁场理论的基础上，以"用实验建立电磁力和绝缘体介质极化的关系"为题，设置了柏林科学院悬赏奖。这个问题的关键是要用实验来证明麦克斯韦的位移电流存在的重要理论。赫兹认为麦克斯韦的理论是正确的，但是如何用实验来证实电磁波的存在呢？

他对这个难题进行了无数次实验，均未取得什么成效。然而，赫兹并没有灰心，一直思索着解决这道难题的办法。为了解决这个悬而未决的问题，赫兹除教书以外，把全部时间都耗在学校实验室里。在卡尔斯鲁厄高等技术学校的物理实验室中，有一种叫黎斯螺线管的感应线圈，这种仪器有初级和次级两个线圈，它们是相互绝缘的。在实验中，赫兹发现：若给初级线圈输入脉冲电流，次级线圈的火花隙中便有电火花发生。

这种现象立即引起了赫兹的注意，他敏锐地感到，这是一种与声共振现象相似的快速电磁共振过程。他想，电火花的往返跳跃表明在电极间建立了一个迅速变化的电场和磁场，因为根据尚未被实验证明的麦克斯韦的电磁理论，变化的电磁场将以电磁波的形式向周围空间辐射。赫兹断定：次级线圈中火花隙中的电火花，是因为初级线圈电磁振荡，次级线圈受到感应的结果。

为了用实验来证实麦克斯韦高深莫测的电磁场理论，验证电磁波的确存在，赫兹精心设计了一个电磁波发生器，对"电火花实验"进行了一系列深入的研究。赫兹用两块边长16英寸的正方形锌板，每块锌板接上一个12英寸长的铜棒，铜棒的一端焊上一个金属球，将铜棒与感应圈的电极相连。通电时，如果使两根铜棒上的金属球靠近，便会看到有火花从一个球跳到另一个球。这些火花表明电流在循环不息，在金属球之间产生的这种高频电火花，即电磁波，麦克斯韦的理论认为由此电磁波便会被送到空间去。

赫兹为了捕捉这些电磁波，证明它确实被送到了空间，他用一根两端带有铜球的铜丝弯成环状，当作检波器。他把这个检波器放到离电磁波发生器10米远的地方，当电磁波发生器通电后，检波器铜丝圈两端的铜球上产生了电火花。这些火花是怎样产生的呢？赫兹认为：这便是电磁波从发射器发出后，被检波器捉住了；电磁波不仅产生了，而且传播了10米远。

赫兹将他发现电磁波的研究成果总结在《论在绝缘体中电过程引起的感应现象》一文中，寄给了亥姆霍兹，论文中用实验证明了麦克斯韦的电磁场理论。亥姆霍兹一口气读完了论文，非常高兴地立即写信给他的得意门生："手稿收到。好！星期四手稿交付排印。"仅过3天，赫兹就收到了老师的这封复信。谁也没有料想到，赫兹竟用如此简单的自制仪器验证了麦克斯韦如此深奥的电磁场理论，赫兹的论文出色地解答了1879年亥姆霍兹提出的悬赏难题，由此荣获柏林学院的科学奖。从此，电磁波的存在得到了确认，再也没有人怀疑了。

从此以后，赫兹便专门从事电磁波的研究。他发现，电磁波可以毫无阻碍地穿过墙壁，不过遇到大而薄的金属片便被阻挡住了。他还测定了电磁波的波长，并计算了电磁波的传播速度，发现它在真空中的传播速度和光一样快。赫兹在离波源13米处的墙面上安装了一块锌板。当从波源发射出的电磁波经锌板反射后，在空间便形成了驻波。赫兹先用检波器测出电磁波的波长，再根据直线振荡器的尺寸算出电磁波的频率，最后，用驻波法精确地测量了电磁波的传播速度。

赫兹在《论电动效应的传播速度》中肯定了电磁波的传播速度等于光速。这篇论文发表后，受到全世界科学界的瞩目。后来发现X射线的伦琴教授写信向赫兹祝贺，赞扬他的这些实验是近几年物理学中最优异的成果。接着，赫兹又进行了电磁波的反射、折射、偏振等一系列实验，证明了电磁波与光波一样，具有反射、折射和偏振等物理性质，他撰写了《论电力射线》一文，论证了电磁波与光波的同一性。现在我们常说的无线电波、红外线、可见光、紫外线、X射线、γ射线都是电磁波。

赫兹的这些突出的成就获得了当时科学界的高度评价。他的恩师亥姆霍兹赞扬说："光——这种如此重要的和神秘的自然力——与另一种同样神秘的或许更多地应用的力——电——有着最近的亲缘关系，令人信服地证实这种现象无疑是一项重大的成就。现在，人们开始懂得，那些曾设想是远距直接作用的力是如何通过一层中间介质作用于最近一层介质的途径而传播的，这一点对理论科学来说可能更加重要。"

点评

英年早逝的赫兹为我们留下了一份宝贵的遗产，原来，世界上最美丽的事，就是不断地在追求真理的过程中感悟生命的色彩。

善于思考的爱因斯坦

爱因斯坦是举世闻名的德裔美国科学家，现代物理学的开创者和奠基人。

19世纪末是物理学的变革时期，爱因斯坦从实验事实出发，重新考查了物理学的基本概念，在理论上作出了根本性的突破。他的量子理论对天体物理学、特别是理论天体物理学都有很大的影响。可是，取得如此非凡成就的爱因斯坦，小时候却被人认为是一个低能儿。

爱因斯坦3岁的时候，不像其他孩子那样天真活泼，爱说爱笑。他总喜欢静静地坐在客厅里，歪着脑袋认真地倾听母亲弹出的音乐。母亲看着他那聚精会神的憨样，笑着说道："瞧你一本正经的模样，简直就像一个教授！嗨，我的小宝贝，你为什么不说话呀？"爱因斯坦动了动嘴唇，没有回答母亲的问话，但他那对亮晶晶的眼睛却扑闪扑闪地不断眨动着，显示出快乐的光芒，他的内心已经体会到音乐的优美流畅，但他却说不出口。爱因斯坦的父亲喜欢郊游，经常兴高采烈地带着全家人到野外去游玩。小爱因斯坦十分喜欢这种活动，野外的一切都使他沉醉，然而，他却不爱说话，不能用语言把这一切表达出来。而比他小的妹妹却像一只百灵鸟，一路上欢快地唱着、叫着。邻居家的孩子们经常在一起玩游戏，小家伙们在一起尽情地唱呀、跳呀、叫呀，可这里面却没有爱因斯坦的身影。他喜欢一个人静静地坐在客厅的角落里玩搭积木，一玩就是老半天，然后默默地坐着，忘情地欣赏自己的杰作。就这样，小爱因斯坦已经四五岁了还不大会说话，这时，父母有点儿着急了："难道他是低能儿，是个傻子？"父母亲赶紧为他请来了医生，却没有检查出什么毛病。小爱因斯坦在常人眼里，并不是一个聪明的孩子，这一方面是因为他不大会说，一方面则因为他总是提出一些稀奇古怪的问题，让人觉得有些低能、傻气，大人们甚至怀疑他的智商是否有障碍。人们根本不知道，这个幼小孩子所提出的貌似可笑无知的问题，原来是出自对未知世界的强烈求知欲。爱因斯坦那被人误认为平庸低能的小脑瓜里，充满了对这个陌生世界的苦思冥想、百思不解，几乎没有安宁的时候。

在爱因斯坦 5 岁的时候，一天，爸爸送给他一件小玩具——罗盘。有着强烈好奇心的小爱因斯坦为此心花怒放，立刻爱不释手地摆弄起来。罗盘中间有一根指北针，尖端一头涂着红色，颤巍巍地抖动着，总是顽固而坚定不移地指向北方。爱因斯坦小心翼翼地转动盘子，想偷偷改变指针的方向，但无论他怎样转来转去那根针就是不听指挥，红色的那端依然牢牢地指向北方。小爱因斯坦急了，猛一转身子，从朝北转向朝南，心想："这个指北针总该跟着我走了吧？"但是定睛一瞧，他不由大吃一惊：红色的一端依旧指着北方！"太奇怪了……"爱因斯坦不知所措地喃喃着，"这到底是为什么呢？"他想去向父亲询问，可灵机一动，他马上自己作出了解答："对，这根针的旁边一定有什么东西在推着它，所以它能永远保持一个方向。"于是他翻来覆去地研究罗盘，想在指针周围找出那神秘的东西。但令他大失所望的是，他什么也没找到。这个童年之谜就此深深刻印在他的记忆中，挥之不去。也许，爱因斯坦日后对电磁场的深入研究，其灵感就是源于童年时代那谜一样的小玩具罗盘呢。爱因斯坦的童年本来就沉默寡言，不爱说话，如今有了罗盘这个有趣的伙伴，他整天精神恍惚，越发沉默不语，父母还以为这次他是真的病了呢。这件有关罗盘的童年往事，给爱因斯坦留下深深的印象，甚至在许多年后，他还常津津有味地回忆。

到了上学的年龄，与同龄孩子相比，小爱因斯坦依然显得十分木讷，动作迟缓呆笨。而且，他的学习成绩很差，每次被老师叫起来背诵课文，他总是呆头呆脑一句也念不出来。同学们私下里都嘲笑他。爱因斯坦虽然很愚笨，然而却很善良、虔诚，同学们给他起了一个绰号叫"老实头"。6岁时，爱因斯坦迷上音乐，开始学习小提琴，小提琴奏出的优美音乐将他带入了一个美妙的境界，音乐曾一度使他着迷。然而，练习小提琴时机械、重复的弓法和指法又令他心生厌倦。就这样，小爱因斯坦平淡无奇开始了小学生活，又以平淡无奇而结束。此时的小爱因斯坦与同龄人相比，不仅没有超长之处，反而多几分笨拙。

10岁那年，小爱因斯坦告别了小学，成了一名中学生。在学校里那些老师将希腊文、拉丁文一个劲儿地往学生头脑里塞，而学生的职责就是背，整天都是背。对于这种学习方式，小爱因斯坦烦透了，有意无意地将自己的兴趣转移到了数学上，数学成了他中学时代的最大的业余爱好。爱因斯坦的叔叔是一个工程师，对数学也很喜欢，有一次在纸上画了一个直角三角形，写了 AB2＋BC2＝AC2，并满脸神秘地对爱因斯坦说："这就是大名鼎鼎的毕达哥拉斯定理，两千多年以前的人就会证明了，你也来试一试。"12 岁的爱因斯坦此时还不懂得什么叫几何，但他被这个定理迷住了，决心试一试，他一连几个星期苦苦思索，寻找着证明的方法，到第三个星期的最后一天时，竟然被他证明出来了。他第一次体会到创造的快乐。随着年龄的增大，爱因斯坦的眼界逐渐开阔，能使他产生兴趣的事物也变得越来越复杂。12 岁时，爱因斯坦得到一本硬皮精装的几何教科书。他怀着兴奋神秘而又略带恐惧敬畏的心情把书翻开，从头一页欧几里德的第一条定理读起，越看越入迷，竟然一口气把书读完，他深深为几何定理的精密、明确和严谨所折服。对一些定理，他反复地进行琢磨和思考，有时还尝试着撇开已有的论证方法，另辟蹊径，自己来重新证明，爱因斯坦总会高兴得欣喜若狂，他第一次深切体会到发现真理的巨大快乐。爱因斯坦幼年时代的好奇心得到进一步发展，同时他的自信心也逐步增强。不久，他又自学了高等数学，中学里的老师已不是他的对手。当他的同学们还在全等三角形中跋涉时，小爱因斯坦已经遨游在微积分的天地里了。爱因斯坦在数学王国里成绩卓著，而其他学科引不起小爱因斯坦的兴趣，成绩就很差，不少老师对他这种学习态度都很看不惯，并多次责备过他。一次，小爱因斯坦的父亲问学校里的教导主任，自己的儿子将来可以从事什么职业，这位老师竟直言说道："做什么都没有关系，你的儿子将是一事无成。"这位老师对小爱因斯坦的成见非常深，认为他是一块朽木，已再无雕刻的价值，竟勒令他退学。就这样，爱因斯坦 15 岁那年就失学了，连毕业证都没有拿到。

爱因斯坦自幼养成了爱读书、爱思考问题的好习惯。有一段时期，他对《大众物理科学丛书》这本通俗科学读物着了迷，无论走到哪里，都要把这本书带在身边，时时翻阅。正是这本书，不但使爱因斯坦破除了宗教权威的迷信，而且引导他立下了探索自然奥秘的宏图大志。在少年爱因斯坦的身边，还总是带着一个小笔记本，那是为随时记下灵感的火花而用的。16 岁那年，又一个极富挑战性的问题占据了他的头脑：假如某种光的接收器，比如：人的眼睛或者是摄影机，跟随在光的后面，用光速飞奔，那么，会发生什么情形呢？他把问题捕捉住，记在本子上。但正确的答案又去哪里寻找呢？他百思不得其解，又为自己设置了一个新的难题、新的挑战。正是这个令爱因斯坦日思夜想的高难问题，孕育了未来相对论的神奇萌芽。也许，这可以看做是小爱因斯坦向科学堡垒发起的第一次勇敢进攻。那以后，爱因斯坦更加的勤奋刻苦，终于成为举世瞩目的大科学家。

通过爱因斯坦的故事，我们知道，人要正确认识自己，因为人与人性格差异很大，了解自己的性格优势与不足。要学会扬长避短，有助于形成自己独特的自信心。人是不断变化发展的，我们需要不断更新、不断完善对自己的认识，才能使自己变得更好和更完美。

点 评

正确认识自己，就要做到用全面的、发展的眼光看自己，自信而不自大，自谦而不自卑，脚踏实地地实现自己的目标。

发现 X 射线的伦琴

伦琴是德国著名物理学家，X 射线的发现者。他是第一个获诺贝尔物理奖的人。

伦琴的成功看似偶然，而实际上，X 射线的发现是因为他善于观察、积极思考的结果。

1845 年，伦琴出生在德国鲁尔地区的一个小镇——莱尼斯。小时候的伦琴是个聪明而又勤奋的孩子，在读书期间，他就以优异的成绩而深受好评。43 岁时，他从国外学成回国，担任了巴伐利亚州维尔茨堡大学物理研究所所长。

担任物理所所长之后，他一直孜孜不倦地研究着阴极射线，无论遇到多大的挫折，他始终都没有放弃。在研究过程中，伦琴发现，由于克鲁克斯管的高真空度，低压放电时没有荧光产生。同时期，一位德国物理学家改进了克鲁克斯管，他把阴极射线碰到管壁放出荧光的地方用一块薄薄的铝片替换了原来的玻璃，结果，奇迹发生了，从阴极射线管中发射出来的射线，穿透薄铝片，射到外边来了。这位物理学家就是勒那德。勒那德还在阴极射线管的玻璃壁上打开一个薄铝窗口，出乎意料地把阴极射线引出了管外。他接着又用一种荧光物质铂氰化钡涂在玻璃板上，从而创造出了能够探测阴极射线的荧光板。当阴极射线碰到荧光板时，荧光板就会在茫茫黑夜中发出令人头晕目眩的光亮。伦琴不止一次地重复着勒那德的实验。

　　一天晚上，劳累了一天的伦琴刚刚躺上床，突然，好像有一股神奇的清风吹入了伦琴的灵魂深处，他赶紧一骨碌跳下了床，他下意识地走到了他所熟悉的仪器旁，再次重复了勒那德的实验。这时，伦琴欣喜地发现，这种阴极射线能够使一米以外的荧光屏上出现闪光。为了防止荧光板受偶尔出现的管内闪光的影响，伦琴用一张包相纸的黑纸把整个管子里三层外三层地裹得严严实实。在子夜时分，伦琴打开阴极射线管的电源，当他把荧光板靠近阴极射线管上的铝片洞口的时候，顿时荧光板亮了，而距离稍微远一点，荧光板又不亮了。伦琴还发现，前一段时间紧密封存的一张底片，尽管丝毫都没有暴露在光线下，但是因为他当时随手就把它放在放电管的附近，现在打开一看，底片已经变得灰黑，快要坏了。这说明管内发出了某种能穿透底片封套的光线。伦琴发现，一个涂有磷光质的屏幕放在这种电管附近时，即发亮光；金属的厚片放在管与磷光屏中间时，即投射阴影；而比较轻的物质，如铝片或木片，平时不透光，在这种射线内投射的阴影却几乎看不见，而它们所吸收的射线的数量大致和吸收体的厚度与密度成正比。同时，真空管内的气体越少，线的穿透性就越高。为了获得更加完美的实验结果，伦琴又把一个完整的梨形阴极射线管包裹好，然后打开开关，然后他便看到了非常奇特的现象：尽管阴极射线管一点亮光也不露，但是放在远处的荧光板竟然亮了起来。伦琴真是欣喜若狂，他顺手拿起闪闪发亮的荧光板，想吻它一下，突然，一个完整手骨的影子鬼使神差般地出现在荧光板上。伦琴赶紧开亮电灯，认真检查了一遍有关的仪器，又做起了这个实验。他看到，那道奇妙的光线又被荧光板捕捉到了。他又有意识地把手放到阴极射线管和荧光板之间，一副完整的手骨影子又出现在荧光板上。伦琴终于明白，这种射线原来具有极强的穿透力和相当的硬度，可以使肌肉内的骨骼在磷光片或照片上投下阴影。

次日，伦琴便开始思考这一新发现的事实，他想，这很显然不是阴极射线，阴极射线无法穿透玻璃，这种射线却具有巨大的能量，它能穿透玻璃，遮光的黑纸和人的手掌。为了验证它还能穿透些什么样的物质，伦琴几乎把手边能够拿到的东西，如木片、橡胶皮、金属片等，都拿来做了实验。他把这些东西一一放在射线管与荧光板之间，这种神奇的具有相当硬度的射线把它们全穿透了。伦琴又拿了一块铅板来，这种光线才停止了它前进的脚步。

然而，限于当时的条件，伦琴对这种射线所产生的原因及性质却知之甚少。但他在潜意识中意识到，这种射线对于人类来说，虽然是个未知的领域，但是有可能具有非常大的利用价值。为了鼓舞更多人去继续关注它、研究它，了解并利用它，伦琴就把他所发现的这种具有无穷魅力的射线，叫做"X射线"。就在伦琴宣布发现X射线的第四天，一位美国医生就用X射线照相发现了伤员脚上的子弹。从此，对于医学来说，X射线就成了神奇的医疗手段。

X射线的发现，给医学和物质结构的研究带来了新的希望，此后，产生了一系列的新发现和与之相联系的新技术。

点 评

    伦琴的成功告诉我们：成功是一个日积月累、持续不断的过程，任何希图侥幸、立即有成的想法都注定要失败的。所以，我们要一步一个脚印，坚持不懈地走下去，才有可能换来最后的成功。

发现放射线的柏克勒尔

柏克勒尔是法国物理学家，"铀射线"的发现者。1903 年度诺贝尔物理学奖获得者。

柏克勒尔出生于科学世家，他的整个家族一直都在默默地研究着荧光、磷光等发光现象。他的父亲对荧光的研究在当时堪称世界一流水平。柏克勒尔自幼就对物理学相当痴迷，他不止一次地在内心深处宣读誓言，一定要超出祖父、父亲所作出的贡献，为此，每天他都作出不知超过常人多少倍的努力。

19 世纪 90 年代中期，德国物理学家伦琴发现了一种穿透力很强的射线，因对它的性质不了解，所以取名 X 射线。发现 X 射线的消息传开以后，全世界都轰动了。

几个月后，在法国科学院举行的星期一例会上，著名数学家、物理学家彭加勒介绍了伦琴的发现，还展出了 X 射线的照片。他的报告引起了与会者的极大兴趣。会后，法国物理学家柏克勒尔匆匆赶回自己的实验室。

他和他父亲长期以来一直在研究荧光现象，他们发现，有些物质在太阳光照射下会发出荧光来。这一发现导致今天的许多应用：日光灯又叫荧光灯，因为它的灯管内壁上涂了一层荧光粉；夜光表的 12 个时针点上都涂有荧光粉，经过白天光照后，它们在夜里就能发光……听了彭加勒的报告后，柏克勒尔觉得有必要验证一下，荧光物质是否也能发射 X 射线。

柏克勒尔开始了他的实验。他取来一瓶荧光物质——黄绿色的硫酸双氧铀钾，这种物质在阳光的照射下会发出荧光，柏克勒尔想知道它们是否会同时发出 X 射线。他仿照伦琴检验 X 射线的方法，把一张照相底片用黑纸包得严严实实，再把一匙荧光粉倒在纸包上，然后拿到阳光下去晒一会儿。柏克勒尔将荧光粉再倒回到瓶里去，然后拿着包着一张底片的黑纸包进了照相暗房，经冲洗，发觉底片被感光了，它的上面是那匙荧光粉的几何影子。

柏克勒尔知道，太阳光和荧光都不能穿透黑纸使底片感光。现在底片已感光了，这说明荧光粉经太阳照射后确实能发射 X 射线，因为只有 X 射线才能穿透黑纸使底片感光。于是柏克勒尔在科学院例会上，简要地报告了这一发现。为了在下一次例会上作正式报告，柏克勒尔准备再做一次实验。但是天公不作美，连续几天的阴雨打乱了他的计划。他只好扫兴地把荧光粉和用黑纸包得严严的照相底片一起放进写字台的抽屉里，等待天晴。关上抽屉时他顺手把一把钥匙压在黑纸包上，边上就放着那瓶荧光物质。

天气放晴后，柏克勒尔准备着手进行新的实验。细心的他在实验之前特地抽出两张底片检查了一下，看看是否会漏光。抽查的结果使柏克勒尔大为震惊：两张底片都已曝光，其中一张上还有那把钥匙的影子！这是怎么回事？底片用黑纸包好后是放在抽屉里的，又是连续几天阴雨，根本照不到太阳光，那瓶荧光物质也不射出荧光，为什么底片会感光呢？经过仔细的分析，柏克勒尔猜想，可能硫酸双氧铀钾本身会发出一种看不见的射线，这种射线也像 X 射线一样，能穿透黑纸使底片感光。

在下一个科学院的例会上，柏克勒尔激动地宣布了这个新发现，并且声明原先他的推论是不合理的。其实，在日光照射后硫酸双氧铀钾射出的荧光中，并不含有 X 射线。柏克勒尔最初在阳光下做的实验，实际上也是放射性射线使底片感的光，只不过他误以为是 X 射线罢了。

例会后，柏克勒尔又精心设计并做了一系列实验。他对这种铀盐晶体加热、冷冻、研成粉末、溶解在酸里等，作物理或化学上的加工，他发现只要化合物里含有铀元素，就有这种神奇的贯穿辐射。柏克勒尔还用纯金属铀做试验，发现它所产生的放射性要比硫酸双氧铀钾强三四倍。他把这种放射线称为"铀射线"。

在两个多月以后的科学院例会上，柏克勒尔宣布，铀或铀盐会自发放射出射线（铀射线）。这是一种新的、由原子自身产生的射线，这种射线的强度并不因为加热、冷却、粉碎、溶解等物理或化学上的影响而发生变化，换句话说，这种射线非常"我行我素"，不管外界对它施加何种影响，它始终如一地发出射线。柏克勒尔的这一重大发现和伦琴发现的 X 射线一起，敲响了人类迎接原子时代来临的钟声。为此，柏克勒尔获得了 1903 年度的诺贝尔物理学奖。

点 评

任何成功都不是偶然的，柏克勒尔是一个"有准备的头脑"的杰出科学家，所以在仔细观察周围的事物时，就有了重大的发现。

量子论的创立者玻尔

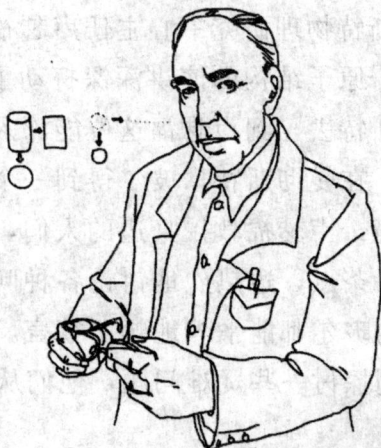

玻尔，丹麦物理学家，是量子论的最重要的创立者之一，荣获 1922 年诺贝尔物理学奖。

玻尔一生从事科学研究，他的研究工作开始于原子结构未知的年代，结束于原子科学已趋成熟、原子核物理已经得到广泛应用的时代。他的《论原子构造和分子构造》中创立了原子结构理论，为 20 世纪原子物理学开辟了道路。

玻尔出生在哥本哈根维德海滨一座古老豪华的大厦里。父亲是哥本哈根大学生理学教授，也是一位国际知名的年轻学者。因而可以说玻尔出生在一个得天独厚、条件十分优越的家庭。

玻尔中学毕业后考取了哥本哈根大学，攻读物理学。在此期间，他的一篇关于水的表面张力的论文，荣获哥本哈根学院的金质奖章。玻尔开始在学术界崭露头角。接着，玻尔以题为《金属电子论的研究》的论文取得了物理学博士学位。然后又因毕业成绩优异而获得卡尔斯堡奖学金赴美国剑桥大学和曼彻斯特大学继续学习和工作。

玻尔不远千里来到世界物理学的中心——剑桥大学的卡文迪许实验室。此时，玻尔正巧遇上卡文迪许实验室一年一度的聚餐会，和往年不同的是，今年的聚餐会上，被誉为"原子巨人"的英国曼彻斯特物理研究中心主任卢瑟福将在会上作一次演讲。卢瑟福关于原子结构的演讲深深打动了玻尔。不久，玻尔就决定到曼彻斯特去，到卢瑟福这位能深入到科学核心的科学家身边去学习。在曼彻斯特，玻尔得到一个具有平等自由学术空气的研究环境，卢瑟福教授身边的人们，每天下午全体围在一起，边吃糖果茶点，边热烈地讨论各种问题，无论是权威卢瑟福还是新来的玻尔都能平等地畅所欲言。玻尔接受卢瑟福的指导，两人共同探讨一些疑难问题，他们从此结下了深厚的友谊。

玻尔在曼彻斯特待了一段时间后，就返回祖国，不久，他的一篇论文《论原子构造和分子构造》问世了。这篇论文在经过卢瑟福的审阅后推荐发表在《哲学杂志》上。论文一发表就立即引起欧洲科学界的震动。一些人为它欢呼，而另一些人却不能轻易承认玻尔的观点。

为此，英国科学界召开了科学促进会议，专题讨论玻尔的这一新观点。在这次专题讨论会上，玻尔平静地向与会者详细介绍了自己的关于氢原子结构和氢光谱的初步理论，并着重解释说，研究原子，尤其是解释原子这个太阳系的稳定性时，必须引进新的原理，即研究微观粒子运动规律的理论——量子论。

丹麦哥本哈根大学鉴于他的这一突破性成果和他以往在物理学研究中的贡献，聘请他任理论物理学教授。不久，玻尔放弃了这一职位，又来到曼彻斯特实验室和卢瑟福一起工作。他想通过更加精细的实验，为自己的理论寻找更加充足的理论根据。

1914年秋天，一次世界大战爆发了。玻尔依旧坚持实验，最后实验强有力地证明玻尔的理论的正确性。其他两位科学家也同时证明了原子中能量是呈阶梯式分布，即量子式的分布。这就是玻尔理论中的核心内容。后来人们称玻尔的理论是关于原子结构的"玻尔模型"，也叫做"卢瑟福—玻尔模型"。这一理论在量子论发展史上起过重大的作用，因此有人称《原子和分子结构》发表的日期是"现代原子理论的诞生日"。

玻尔是量子力学中著名的哥本哈根学派的领袖，他以自己的崇高威望在他周围吸引了国内外一大批杰出的物理学家，创建了哥本哈根学派。他们不仅创建了量子力学的基础理论，并给予合理的解释，使量子力学得到许多新应用，如原子辐射、化学键、晶体结构、金属态等。更难能可贵的是，玻尔与他的同事在创建与发展科学的同时，还创造了"哥本哈根精神"——这是一种独特的、浓厚的、平等自由地讨论和相互紧密地合作的学术气氛。直到今天，很多人还说"哥本哈根精神"在国际物理学界是独一无二的。

曾经有人问玻尔："你是怎么把那么多有才华的年轻人团结在身边的？"他回答说："因为我不怕在年轻人面前承认自己知识的不足，不怕承认自己是傻瓜。"

爱因斯坦曾这样高度称赞玻尔："作为一位科学思想家，玻尔所以有这么惊人的吸引力，在于他具有大胆和谨慎这两种品质的难得融合。很少有谁对隐秘的事物具有这一种直觉的理解力，同时又兼有这样强有力的批判能力。他不但具有关于细节的全部知识，而且还始终坚定地注视着基本原理。他无疑是我们时代科学领域中最伟大的发现者之一。"

点评

　　"月盈则亏，水满则溢"，也许，谦虚谨慎、虚怀若谷才是玻尔达到科学高峰的秘诀。

坚持不懈的查德威克

查德威克是英国实验物理学家，现代物理学的先驱者。他的最大贡献是发现了中子。中子的发现打开了原子核的大门，使原子核物理学有了划时代的进展，他因此荣获了 1935 年诺贝尔物理学奖。我们说，正是敢于承担挫折和奉献的精神和夜以继日、坚持不懈的努力给他带来了成功。

詹姆斯·查德威克出生于英格兰柴郡。像其他的孩子一样，查德威克在 8 岁的时候，背着书包上学了。他个子长得不是太高，性格又温和，大一些的同学老是欺侮他，有一次甚至把他的书和书包全都扔进学校前面的河里去了。查德威克实在忍无可忍了，随手拾起地上的一块碎砖头，狠命地向那个扔他书包的大个子男同学砸去，大个子的头被砸出了一个小洞，血直往外流。后来，查德威克被爸爸妈妈狠狠揍了一顿，他也不去解释，任泪水在眼眶里直打转儿，也没让它流下来。爸爸妈妈又提着一篮子鸡蛋，要去给那个大个子赔礼道歉，查德威克死活也不愿意一道去，他坚信自己没有错。上中学的时候，他的各门功课成绩都差不多，他对物理也没有产生出特别的兴趣，有好几次测验，他都没考及格。但是，他却有一套独特的学习方法。对于那些不会做的习题，凡是他没有搞懂的题目，他决不勉强自己去做，或者把同学做好了的，拿来自己抄一遍，他总是想方设法把问题给弄清楚。而一旦搞清楚了，他又不是赶任务似的把题目做出来，总是在草稿纸上，尝试用好几种方法来解这个题目，最后才选择出一种最便捷的方法，把题目做在作业本上交给老师。他有个座右铭，这就是："不成功则已，要成功，成绩就应该是颠扑不破的。"这个座右铭，一直陪伴他度过了中学时代、大学时代，乃至他的一生。

查德威克考入曼彻斯特大学后，好像冥冥之中有个什么东西在主宰着他似的，他选择了物理学专业，从此，他就同物理学结下了不解之缘，并把自己所有的智慧、热情和生命奉献给了这门古老而又充满魅力的学科。查德威克不喜爱出风头，不爱抛头露面，正是由于这种不慕虚名，不为浮名所累，任劳任怨脚踏实地的治学精神，使他一生在物理学的研究上取得了一个又一个辉煌的成就。

查德威克以优异的成绩从大学毕业后，在卢瑟福教授的指导下于曼彻斯特物理实验室工作了两年，从事各种放射性的研究。没过多长时间，他用实验有力地证实了原子核的存在。

由于他卓有成效的工作，受到当时科学界的认可，他荣获科学硕士学位，赴柏林夏洛腾堡技术物理研究所，在 H·盖革教授的指导下工作。盖革教授是计数管的发明者，查德威克在他的精心指导下，成天把自己关在实验室里，潜心研究放射性粒子探测技术，并取得了相当重要的研究成果。正当查德威克准备大展宏图的时候，不幸却扇动着丑陋的翅膀，降临在他的身上。

第一次世界大战期间，正在实验室里认真观察实验结果的查德威克被一伙法西斯分子用枪托打昏以后，带进了德国鲁赫本平民拘留所。他是被当作战俘扣留在这里的，尽管他从来没有参加过战争。关进拘留所以后，他无法继续从事他心爱的实验工作，去探索人类那么多的未知领域了。这对于一个无限热爱科学事业的人来说，是多么巨大的遗憾。然而，他没有自暴自弃，更没有用死亡来了却自己的痛苦。后来，他利用法西斯分子对他稍微放松看管的机会，联合其他几位战俘科学家，在拘留所里搞起了一个小小的实验室。这间实验室是一个只能拴两匹马的废旧马棚，查德威克等人就是在这里从事 β 射线的实验的，当马粪和马尿的腺臭味不绝如缕地飘进他们的鼻子里的时候，他们却浑然不知。他们沉湎于 β 射线给他们带来的巨大的快乐之中。第一次世界大战结束后，查德威克也被释放。他回到了自己魂牵梦绕的祖国——英国。

战后，他接受了英国剑桥大学冈维尔和凯恩斯学院的沃拉斯顿奖学金，继续在卢瑟福教授的指导下工作，这时，卢瑟福已经就任剑桥大学卡文迪许实验室主任，查德威克也来到了这里。就在这一年，卢瑟福和助手们合作，用 α 粒子轰击氮原子核的时候发现，氮原子核破裂以后，发射出的原子量是一个带正电的粒子，这种粒子被命名为质子（实际是氢原子核），破裂以后的氮原子核和 α 粒子结合成氧原子核。卢瑟福这个实验表明，不但放射性现象会导致原子自然蜕变，从一种元素变成另一种元素，而且可以用人工方法变革原子核，把一种元素变成另一种元素。在剑桥大学，查德威克自始至终都参加了卢瑟福进行的用 α 粒子轰击的方法使其他轻元素嬗变的工作，并对原子核的特性和结构进行了认真的研究。

查德威克通过对 α 粒子散射所进行的测量，最先测定了原子核所带的绝对电量，即核电荷数，结果和莫塞莱的原子序数理论吻合得无与伦比。之前，卢瑟福曾用氮第一次探测到核蜕变效应，查德威克站在导师的肩膀上，继续向前苦苦地求索着，终于发现了γ射线所引起的核蜕变。因为查德威克成就卓著，他被升任为卡文迪许实验室副主任，并当选为皇家学会会员。

在生活中，我们难免遇到很多挫折和失败，当不幸来临的时候，有的人失去生活的勇气，而有的人却能从中汲取力量，从而获得成功。

点评

在人的一生中，要做成功一件稍有分量的事情，总要承担某些风险，如果不愿意或不敢于承担风险，就可能什么也做不成，什么也得不到。请记住这句座右铭："确定你是对的，然后勇往直前。"

回旋加速器的创始人

欧内斯特·劳伦斯，美国物理学家，回旋加速器的创始人。

欧内斯特·劳伦斯除了研制回旋加速器，还亲自使用回旋加速器研究过多种核反应，相继得到放射性钠、钍、碳-11、铀-233等物质。他与弟弟约翰合作，用中子诊治癌症，取得了比 X 射线好的疗效。

欧内斯特·劳伦斯出生在美国南达科他州坎顿城的一个教师家庭里。书香门第出身的劳伦斯从小就受到了正规的家庭教育。在家庭的长期影响下，他从小就对自然科学产生了浓厚的兴趣。他的想象力很丰富，动手能力也很强，经常自己动手制作发电机或无线电收音机等。读中学的时候他还曾用自己安装的简易设备给外州发送过信号。

中学毕业以后，劳伦斯想当一名教师，像父亲一样去乡镇兴办学校。但当时那里没有师范大学，于是劳伦斯考入了南达科他州的医学院，在医学院里学习化学。因为在这里继续学习基础课，可以当做以后从事教育的预备阶梯。劳伦斯之所以立志学教育，是因为父亲经常教导他："教育是一项十分高尚的职业，承担着拯救人类灵魂的神圣使命，为社会提供直接的服务。"

虽然劳伦斯准备终生从事教育，但他对从小的爱好却无法丢弃。相反随着年龄的增长，阅历和各方面知识的不断增长，他对科学越来越着迷了。劳伦斯找到了南达科他州电气工程学院的院长刘易斯·阿克利教授。他向院长陈述了自己的想法：作为南达科他州大学的学生，无论他们是学习什么专业的，都应该对各种形式的无线电通讯感兴趣，将来无线电一定会在我们的生活中占有极重要的地位。因此电气工程学院应该安装一套无线电通讯设备，让学电气的学生学会操作无线电仪器，通过这套设备去了解全美国及大洋彼岸所发生的一切。

听了这一切，阿克利教授对这个富有说服力的年轻人十分感兴趣。晚上回家，他不住地和夫人谈论着欧内斯特："我今天遇到一位酷爱科学的小伙子，真奇怪，这样一个对科学感兴趣的学生，既不学物理，也不学电气，实在可惜。"

第二天，阿克利教授查了欧内斯特的注册档案，了解到他的数学成绩很好，中学时就对无线电很有研究。于是阿克利决定采纳劳伦斯的建议。再见到劳伦斯的时候，阿克利教授顾不得提及无线电设备的事，就问道："你是否有志推进新兴的无线电科学？还是打算到军队里去做一名无线电发报员？"欧内斯特告诉教授，自己的志向是当一名教师，为社会培养人才。阿克利教授更加喜欢这个有高尚志向的青年了，他真想动员欧内斯特转到自己班上来学物理，但他坚信，无需自己的诱导，一个优秀的学生，自然知道该从哪里获取自己需要的知识。

当时世界物理学研究的兴趣已集中到小小的原子核上，要想揭开原子中的秘密必须击碎原子，而要击碎它必须以连续不断的、强度惊人的带电粒子流对原子进行撞击才行。当时物理学家爱丁顿曾设想建造一种能量很高的仪器，使原子核发生像太阳内部核反应一样的反应。根据这些想法，劳伦斯开始研制回旋加速器。劳伦斯发挥惊人的想象力，不久他就提出了加速器的原理并制出模型。但当时很多学者认为这种东西在理论上是成熟的，但要想使它变成现实则是不容易的。劳伦斯不信这些泄气的论调，终于，他研制的世界上第一台回旋加速器问世。接着，劳伦斯又造出了一台可以把质子加速到 1.2 百万电子伏的新的回旋加速器。

1939 年，电台播了来自斯德哥尔摩的消息：1939 年度诺贝尔物理奖的桂冠属于欧内斯特·劳伦斯。听到这个消息时他正在伯克利网球俱乐部挥拍大战，他只是淡淡地一笑，跑去给妻子打了一个电话就又拿起了拍子。

劳伦斯在物理学研究中取得的成就是了不起的，然而他没有忘记自己走上物理学研究道路的领路人——独具慧眼的阿克利教授。毕业 20 年以后，劳伦斯特意举办了盛大的招待会表示对启蒙老师的感激之情。在招待会上他说："我得以在这美好的领域辛勤工作，应归功于受人尊敬的院长阿克利教授的启示。"阿克利教授在应南达科他教育协会刊物之约写的文章中说："有人说我的工作是发现了'法拉第'，其实，是劳伦斯发现了我，是他教会了我如何去辨认和培养'法拉第'，为此，我非常感激他。"

点评

欧内斯特·劳伦斯远去了，但是，他的淡泊名利、尊师重道、刻苦钻研的美好品德却永远影响着我们。

生活的强者霍金

霍金，20世纪享有国际盛誉的伟人之一，被称为在世的最伟大的科学家。他与彭罗斯一道证明了著名的奇性定理，共同获得了1988年的沃尔夫物理奖。霍金因此被誉为继爱因斯坦之后世界上最著名的科学思想家和最杰出的理论物理学家。

霍金生于剑桥，他是有史以来最杰出的科学家之一，也是最富有传奇性的物理学家。

霍金的传奇源于他不凡的人生经历。早在大学学习后期，霍金被诊断为"肌肉萎缩性脊髓侧索硬化症"，不久半身不遂。"祸不单行"，几年后，霍金又丧失语言能力，表达思想唯一的工具是一台电脑声音合成器。生活的苦难、不幸的遭遇让霍金失去了健康，但是，面对逆境，他选择做生活的强者。虽然他身体的残疾日益严重，但霍金却力图像普通人一样生活，完成自己所做的任何事情。他在已经完全无法移动之后，他仍然有唯一可以活动的手指驱动着轮椅在前往办公室的路上"横冲直撞"。当他与查尔斯王子会晤时，旋转自己的轮椅来炫耀，结果轧到查尔斯王子的脚指头。由于自己不能发出声音，他就用仅能活动的几个手指操作一个特制的鼠标器在电脑屏幕上选择字母、单词来造句，然后通过电脑播放声音，通常制造一个句子要五六分钟，为了合成一个小时的录音演讲要准备10天。尽管如此，霍金仍然热衷公众演讲，乐于与人们进行思想的交流，将科学的思想传播到世界各地。

霍金进入剑桥大学冈维尔和凯厄斯学院任研究员期间，他在研究宇宙起源问题上，创立了宇宙之始是"无限密度的一点"的著名理论。接着，霍冈维尔和凯厄斯学院科学院任杰出成就研究员。

霍金获得过许多荣誉及奖励。他曾当选为皇家学会最年轻的会员、美国加利福尼亚理工学院费尔柴尔德讲座功勋学者、世界理论物理研究最高奖阿尔伯特·爱因斯坦奖、沃尔夫物理学奖等。

就这样，霍金身残志坚，克服了残废之患而成为国际物理界的超新星。他不能书写，甚至口齿不清，但他超越了相对论、量子力学、大爆炸等理论而迈入创造宇宙的"几何之舞"。尽管他那么无助地坐在轮椅上，他的思想却尽情地在物理科学的海洋里遨游。

点评

霍金是一个充满传奇色彩的物理天才，也是一个令人折服的生活强者。他不断求索的科学精神和勇敢顽强的人格力量征服了每一个人。

物理学科问题

地磁场的神秘影响

　　地磁场对人类有着重要的影响，地磁场的变化能影响无线电波的传播。当地磁场受到太阳黑子活动而发生强烈扰动时，远距离通讯将受到严重影响，甚至中断。假如没有地磁场，从太阳发出的强大的带电粒子流（通常叫太阳风），就不会受到地磁场的作用发生偏转而直射地球。在这种高能粒子的轰击下，地球的大气成分可能不是现在的样子，生命将无法存在。所以地磁场这顶"保护伞"对我们来说至关重要。毫无疑问地说，地磁场对动物、人类都有着极为重要的影响。

地磁场对动物有重大的影响，我们知道，信鸽辨别方向的能力特别强，即使把上海的信鸽带到新疆放飞，它仍然会飞回上海。路途中即使碰到狂风暴雨，它也不会迷失方向。为什么它有这么大的辨别方向的本领呢？科学家对信鸽进行研究，做了这样一个有趣的实验。把磁棒和铜棒分别绑在一些鸽子身上，然后运到很远的地方放飞，选择在阴天。结果很有趣，绑着铜棒的鸽子，飞行方向正确，都安全返回主人家。而那些绑着磁棒的鸽子却满天飞，失去了方向。这个实验说明鸽子能利用地磁场导向。绑了磁棒的鸽子，识别地磁场的本领受到磁棒的干扰，自然也就迷失方向。

对候鸟迁徙现象进行研究，发现候鸟体内有"雷达"，它能够根据自己的电磁场同地磁场的相互作用来正确定向。为了证明这一点，秋天，科学家把候鸟关进笼子里，用布罩起来，不让它们看到外面的世界。这些鸟却固执地聚集在笼子的南部，准备向南飞。后来，把笼子放在一种磁场装置里，这些鸟儿就失去了方向，在笼子里到处都有。可见地磁场对它们是多么重要了。不光鸟类，就是一些昆虫，甚至细菌也会对地磁场有感受之能力。有一种细菌，总是一头朝南，一头朝北。从不在东西方向上"躺"着。这就充分说明它也有感知地磁场的本领。有的鱼儿，把它放进陌生的静水池里，它也是朝着南北方向游动。有种白蚁能在南北方向上建巢，因此称这种白蚁为"罗盘白蚁"。

医学家发现，人类的某些疾病与地球的磁纬度也有一定的关系。而且发病率与地磁的变化有关。在一些地磁异常的地方，人们患高血压、风湿性关节炎和精神病的人数，要比地磁场正常的地区高 $120\% \sim 160\%$。这充分说明，地磁场与某些疾病相关。

那么，地磁场是如何影响人体健康的呢？解释有多种，但都有点儿牵强。一种认为人体的各部分都有水，水在地磁场中会发生物理化学变化。这样，当地磁场变化后，自然影响到水，也就使人体功能发生变化，引起某些疾病。有的学者认为，人的各种器官也是有磁场的，即使地磁场发生微弱变化，也引起头脑、血液等周围的磁场发生变化，导致机体功能受影响，功能失常，疾病出现。也有人认为，人是处在某种生态环境之中的，因此人的每个器官都带有当地地磁生态的烙印。当地磁变化后，人就会出现生理反常。

点评

可是，地磁场到底如何影响人体的，特别是对大脑活动的影响，生理活动的影响，尚没有科学的解释。这将有待新世纪的人们去探索。不过，我们可以利用已有的知识，为人类造福。

宇宙是不断循环的

　　科学家提出了循环宇宙模型，该理论认为，宇宙将永远不会结束，而是处于从生长到消亡的循环过程中。大爆炸既不是宇宙的起点也非终点，而只是宇宙不同阶段的"过渡"。

　　现有基本理论认为，大爆炸是宇宙的开端，但对于宇宙的最终结局并无定论。美国普林斯顿大学的天文学教授保罗·斯坦哈特与英国剑桥大学教授尼尔·图罗克共同提出了新的观点。他们指出，宇宙是处于不断循环的过程中。如今的宇宙是在上个宇宙的尘埃中诞生。"大爆炸并非空间和时间的起点，而只是宇宙的两个不同阶段中间的过渡。"

　　科学家介绍说，他们的这一新理论的框架来自于弦论。弦论的基本内容是，宇宙物质已知是由各种极小粒子组成，但因为人类受到物理实验精度的限制，实际上并无法测定出这些粒子是否真的是无限小的点。科学家假设这些粒子是极小的弦（曲线），然后据此描述基本物理定律。弦论能解释其他基本理论无法解释的物理现象，被认为具有广阔的发展前景。此外，还有理论认为，人类所在的宇宙之外还有另外一个无限大的平行宇宙。这两个宇宙在多重维度（我们所处的空间只有四个维度）中互相区分开来。

两位科学家根据上述现有理论计算出，在这两个宇宙之间有一个力场，可以将两个宇宙呈周期性地互相吸引、尔后又再排斥开来，如同人们鼓掌时两只手的动作一般。

新理论认为，当两个宇宙互相碰撞的时候，第五维度暂时消失，这时就会发生一次大爆炸。新的物质世界将在原有消散的物质尘埃中被重新"创造"出来。关于宇宙爆炸与再生的理论实际上至今仍没有统一的观点，争论仍在继续。

点评

科学是在争论、求证中发展的，任何时候，我们都不要轻易抛弃自己的观点。去怀疑它，求证它吧。

全球卫星定位系统如何定位

　　GPS 是英文同步测距全球定位系统的简称，也就是人们现在常说的全球卫星定位系统，它是美国继"阿波罗"登月计划和航天飞机之后的第三大航天工程。那么，全球卫星定位系统如何定位呢？

　　全球卫星定位系统由空间部分、地面部分和用户部分 3 大部分组成。空间部分是全球卫星定位系统的主体，它由 24 颗卫星（其中 21 颗是工作卫星，3 颗是备用卫星）在距地球表面20183 千米的轨道上运行。每颗卫星都不断向地面发出表示时间和位置的信号，这些信号覆盖区域相当于地球表面积的三分之一。地面部分由一个中心控制站、5 个地面监控站和 3 个数据发送站组成。地面部分的主要作用是监测、控制导航卫星的工作。全球卫星定位系统的用户要有一个卫星定位系统接收器，它的体积只有香烟盒大小，重 500 克左右，携带方便，可以用很小的天线随时接收 4 个以上卫星传送过来的信号，通过这些卫星提供的经度、纬度和海拔高度 3 个数据，用户就可以精确地知道自己处所的位置、时间和行进速度，它的定位精度可达一二十米。

全球卫星定位系统是一个以空间为基地的导航系统，可以在全球范围内，全天候地为海上、陆地、空中和空间的各类用户连续不断地提供高精度的三维位置、三维速度和时间信息，是目前世界上精确度最高的一种太空无线电导航系统。海湾战争中，参加沙漠风暴行动的美国等多国部队在一望无垠的伊拉克沙漠里都使用了全球卫星定位系统，随时随地确定自己的方位。从引导空战、制导导弹到传送信息，全球卫星定位系统无所不能，为各军兵种之间的相互协调和准确无误地打击目标提供了保证。

全球卫星定位系统本来主要用于军事遥测定位，但现在已提供民用服务，慢慢的，人们出门旅行的时候，也会配用上这种新型的"指南针"了。

点评

全球定位系统真的走入寻常百姓家，我们就会省却很多烦恼。希望这一天早点到来。

最早的物理学解释

早期的物理学家们，由于所处时代的限制，大都从某个方面提出了自己对物理学的看法。现在看来，这些看法有些是片面的，也有些是可笑的。但是，他们对物理科学的解释，在当时却有着一定的积极意义。下面，我们就来看一下，早期的物理学家们对物理学科的解释：

夏天的一个傍晚，大雨稍歇，往东看，在一瞬间，一个弧形的半明的彩虹架在暗云中间，雨脚在那方一道道地下垂着，像是彩虹边倒挂的匹练。那彩虹颜色鲜艳，紫色特别显著，只是长虹一端残缺不全。站在教堂门前的信徒们，望着雨过复晴的晚空，喃喃祈祷着，手在心口上不住地画着"十"字。

原来这些信徒们看到彩虹出现，认为是上天给他们带来好运，但又看到彩虹残缺不全，以为是上天有意要惩罚有罪的人们。于是他们便祷告着。其实，这是最常见的一种物理现象。古希腊著名学者阿那克西曼德说："风是空气的一种流动，因为空气的最轻和最湿部分为太阳所发动或膨胀起来。当太阳的光线投射在极浓厚的云上时，便产生了五光十色的七彩虹。"这说明阿那克西曼德已经知道彩虹产生的原因，它只是一种普通的现象，而不是上天创造用来奖赏或惩罚人类的。

就整个物理世界来说，古希腊人有过许多精彩的议论，他们对具体的物理现象也做过不少认真的研究，取得了一些成果。如泰勒斯说到磁石吸铁，他从他的哲学出发，认为那是因为这块磁石有灵魂。但是琥珀摩擦能够产生静电的这一功劳应该归功于他。自然科学家恩培多克勒似乎很善于观察，也富有想象力，他认为自然界是不会有虚空存在的。他有一次在做试验中发现，上端密闭的管子插入水银中，水银不能进入管子的情形，他说这是因为管子中空气的重力堵住了想进入的水银。他说："听觉是外面的声音造成的，当语言所推动的空气在耳朵内鸣响时，便产生了听觉。""空气振动时，便打击坚硬的部分，产生出一个声音来。"他还认为，光是发光体的一种极为精细的流出物，它通过细微的孔道进入我们的眼睛，我们便能看见，光的传播是需要时间的，在一定的时间内才能到达我们的眼睛。对于磁性，他也用类似的想法来解释。他说，铁块被磁石吸住，是由于铁块中的某种流出物大量流向磁石中细微的孔道造成两者相吸的。

而古希腊的"第一个百科全书式的学者"德谟克利特对物理现象的解释则带有更多的猜测性。如关于光，他说那是"从一切物体上都经常发射出一种波流"，"在眼睛和对象之间的空气由于眼睛和对象的作用而被压紧了。就在眼睛上面印下了印子"，这就是视觉。他还说："颜色并不是本身存在的，物体的颜色是由于（原子）方向的变化。"关于磁现象，他认为"磁石和铁是相类似的原子构成的，但磁石的原子则更精细。磁石比铁较松并且有更多的空隙。"因为运动是永远趋向相类似的东西的，铁的原子向外扩散而流向磁石，铁也就被拖向磁石了。恩培多克勒和德谟克利特对磁现象的解释虽仍远离科学，不过比起泰勒斯的解释，已是前进一大步了。

亚里士多德是古希腊第一个最认真的研究物理现象的人。他的《物理学》也是世界上最早的物理学专著，尽管那时物理学的含义与现代的说法不尽相同。亚里士多德着力研究的是力学方面的问题。我们已经知道他认为月亮以下的世界的物体，都有重者向下轻者向上的自然运动，要改变它们的自然状态，就得有外力。但外力一消失，物体就立即恢复它们的自然状态，即或者静止不动于其自然位置，或者垂直上升、下落以恢复其自然位置。亚里士多德反对虚空观念，认为物体在空间的运动也就是在某种介质中运动。物体的运动与作用于其上的力成正比，而与它所受到的阻力成反比。他把外力的作用与物体的"非自然"运动这样联系在一起，那么他又如何解释抛物体在离开抛物者以后仍能运动一段距离呢？他说，物体刚离开抛物者那个时刻，由于它正向前冲而排开部分介质，就在它的后面造成一个虚空，自然界是不允许虚空存在的，周围的介质便立即填补这个虚空，于是这些介质又对物体形成了一个向前的推力，物体因而得以继续前进。但当该物体所受的阻力与推力相等时，它的非自然运动就停止了，抛物体就立即恢复它的自然状态了。

亚里士多德似乎可以自圆其说，但他的认识与实际相去甚远。对于自由落体，他认为较重的物体下落速度要快一些，理由是它冲开介质的力比较大。当然，这种认识也是错误的。

点 评

任何事情都应该一分为二地来看待，亚里士多德的错误认识也曾在很长的时期之内严重地束缚着人们的思想。不过，他的工作终究是人类对机械运动所作的最早的认真的分析，在这个意义上来说，他的历史功绩也是不应轻易抹杀的。

到月球开采氦-3的计划

　　地球能源不足成为全人类关注的问题，去月球开采似乎成为很多国家的共同选择。俄罗斯"能源"火箭公司就计划组织到月球去大量开采高效率的氦-3。"能源"火箭公司总裁尼古拉·谢瓦斯季亚诺夫说，开采工作将在"快船号"载人运货飞船开始定期飞行后进行，而目前快船号飞船正在研制中。

　　他指出，在月球上开采新型的用于热核能源的高效率燃料氦-3并将其运回地面并不是空想，而是人类在不远的将来实际的需要。他补充说，"就是依据初步的估算，这一生意也很快将成为高收益的行业，只需要及时的组织并在该领域成为第一批领头人"。

　　月球的氦-3可能在未来成为天然气、石油之后的又一能源，而天然气和石油的储量在地球上由于高速度的开采而不断缩减。在月球上，氦-3的储量非常丰富，而且月球是离地球最近的地方。

谢瓦斯季亚诺夫曾表示，工业开发月球将有助于解决地球能源资源不足的问题。此外，俄罗斯能源火箭公司还建议在月球计划框架内将有害的耗电量大的生产转移到月球上，并在那里进行很少需要重力的生产。

"能源"火箭公司的月球计划第一阶段计划将在2010～2015年实施，届时将使用联盟系列飞船、联盟－FG号和质子号运载火箭。

谢瓦斯季亚诺夫确认，第二阶段（2015～2020年）的实施过程中计划创建经常性的月球交通体系，而第三阶段（2020～2025年）计划在月球上创建常设基地。

点评

如果这个计划顺利实现，那么，我们就可以利用月球上的能源来为人类造福，对人类来说，这是一件多么值得期待的事啊。

神奇的磁应用

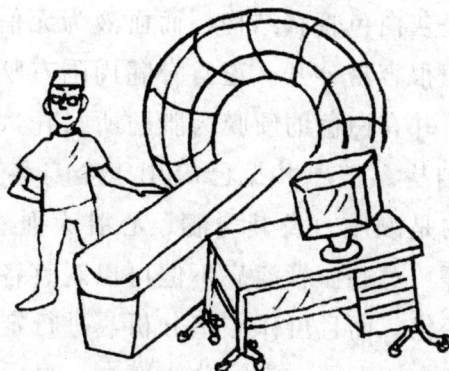

　　磁不仅对人类和动物有着巨大的影响，还可以应用于医学、地质学、军事领域等各个方面。如果没有磁性材料，整个世界将无法想象。

　　大家都知道，如果把鸽子放飞到数百公里以外，它们会自动归巢。鸽子为什么有这么好的认家本领呢？原来，鸽子对地球的磁场很敏感，它们可以利用地球磁场的变化找到自己的家。如果在鸽子的头部绑上一块磁铁，鸽子就会迷航。如果鸽子飞过无线电发射塔，强大的电磁波干扰也会使它们迷失方向。

　　在医学上，利用核磁共振可以诊断人体异常组织，判断疾病，这就是我们比较熟悉的核磁共振成像技术，它的基本原理如下：原子核带有正电，并进行自旋运动。通常情况下，原子核自旋轴的排列是无规律的，但将其置于外加磁场中时，核自旋空间取向从无序向有序过渡。自旋系统的磁化矢量由零逐渐增长，当系统达到平衡时，磁化强度达到稳定值。如果此时核自旋系统受到外界作用，如一定频率的射频激发原子核即可引起共振效应。在射频脉冲停止后，自旋系统已激化的原子核，不能维持这种状态，将回复到磁场中原来的排列状态，同时释放出微弱的能量，成为射电信号，把这许多信号检出，并使之进行空间分辨，就得到运动中原子核分布图像。核磁共振的特点是流动液体不产生信号称为流动效应或流动空白效应。

因此血管是灰白色管状结构，而血液为无信号的黑色。这样使血管软组织很容易分开。正常脊髓周围有脑脊液包围，脑脊液为黑色的，并有白色的硬膜为脂肪所衬托，使脊髓显示为白色的强信号结构。核磁共振已应用于全身各系统的成像诊断。效果最佳的是颅脑，及其脊髓、心脏大血管、关节骨骼、软组织及盆腔等。对心血管疾病不但可以观察各腔室、大血管及瓣膜的解剖变化，而且可作心室分析，进行定性及半定量的诊断，还可作多个切面图，空间分辨率高，显示心脏及病变全貌，及其与周围结构的关系，优于其他 X 线成像、二维超声、核素及 CT 检查。

磁不仅可以诊断，而且能够帮助治疗疾病。磁石是古老中医的一味药材。现在，人们利用血液中不同成分的磁性差别来分离红细胞和白细胞。另外，磁场与人体经络的相互作用可以实现磁疗，在治疗多种疾病方面有独到的作用，已经有磁疗枕、磁疗腰带等应用。用磁铁做成的除铁器可以去除面粉中可能存在的铁末，磁化水可以防止锅炉结垢，磁化种子可以在一定程度上使农作物增产。

天文、地质、考古和采矿等领域的磁应用：

我们都见过灿烂的北极光。北极光实际上是太阳风中的粒子和地磁场相互作用的结果。太阳风是由太阳发出的高能带电粒子流。当它们到达地球时，与地磁场发生相互作用，就好像带电流的导线在磁场中受力一样，使得这些粒子向南北极运动和聚集，并且和地球高空的稀薄气体相碰撞，结果使气体分子受激发，从而发光。

地磁的变化可以用来勘探矿床。由于所有物质均具有或强或弱的磁性，如果它们聚集在一起，形成矿床，那么必然对附近区域的地磁场产生干扰，使得地磁场出现异常情况。根据这一点，可以在陆地、海洋或者空中测量大地的磁性，获得地磁图，对地磁图上磁场异常的区域进行分析和进一步勘探，往往可以发现未知的矿藏或者特殊的地质构造。

不同地质年代的岩石往往具有不同的磁性。因此，可以根据岩石的磁性辅助判断地质年代的变化以及地壳变动。

很多矿藏资源都是共生的，也就是说好几种矿物质混合在一起，它们具有不同的磁性。利用这个特点，人们开发了磁选机，利用不同成分矿物质的不同磁性以及磁性强弱的差别，用磁铁吸引这些物质，那么它们所受到的吸引力就有所区别，结果可以将混在一起的不同磁性的矿物质分开，实现了磁性选矿。

磁性材料在军事领域同样得到了广泛应用。例如，普通的水雷或者地雷只能在接触目标时爆炸，因此作用有限。而如果在水雷或地雷上安装磁性传感器，由于坦克或者军舰都是钢铁制造的，在它们接近（无须接触目标）时，传感器就可以探测到磁场的变化使水雷或地雷爆炸，提高了杀伤力。

在现代战争中，制空权是夺得战役胜利的关键之一。但飞机在飞行过程中很容易被敌方的雷达侦测到，从而具有较大的危险性。为了躲避敌方雷达的监测，可以在飞机表面涂一层特殊的磁性材料－吸波材料，它可以吸收雷达发射的电磁波，使得雷达电磁波很少发生反射，因此敌方雷达无法探测到雷达回波，不能发现飞机，这就使飞机达到了隐身的目的。隐身技术是目前世界军事科研领域的一大热点。

传统的火炮都是利用弹药爆炸时的瞬间膨胀产生的推力将

炮弹迅速加速，推出炮膛。而电磁炮则是把炮弹放在螺线管中，给螺线管通电，那么螺线管产生的磁场对炮弹将产生巨大的推动力，将炮弹射出。这就是所谓的电磁炮。类似的还有电磁导弹等。

点评

如果没有磁性材料，电气化就成为不可能，因为发电要用到发电机、输电要用到变压器……磁性材料必将在各个领域发挥出非凡的作用。

宇宙形成之初的景象

　　我们经常会想，宇宙形成之初是什么样子的呢？大多数人以为，要看到过去，就必须寄希望于时光隧道旅行。其实，这是误解。由于光的传递需要时间，所以只要在晚上仰望穹苍，那么所看见的从远距离来的星光就已经是过去的景象。例如银河系核心离太阳大约 3 万光年，因此目前所见的银核光谱是在 3 万年前，亦即新石器时代出现之前的情况；同样，距离为 5000 万光年的 M87 星云在望远镜中所显示的，则是 5000 万年前，即远在人类出现之前，甚至非洲和南美洲大陆板块还未分离之时的景象。

　　宇宙从大爆炸形成至今，估计有 130 亿年左右。那么有没有可能观察更遥远的地方，譬如说 100 亿光年以外（亦即 100 亿年以前）的天体，以测定宇宙混沌初开之时的景象呢？以沙弗为首的一组英国天文学家证实，"类星体"在远距离开始变得稀少，到了相当于宇宙年龄 6.5％左右那么远的距离，它就根本不存在了。类星体是星云互相碰撞或者星云核心塌缩而产生的异常现象，因此必须先有星云才会有类星体出现。

但早期宇宙是一个高密度而相对均匀的质球，它需要相当时间才会由于微细的密度涨落和重力作用而产生空间不均匀结构，亦即前星云结构。所以，在宇宙早期星体不可能存在。沙弗的研究结果，多少从实际观测上验证了这一构想。

我们知道：远方星云（包括类星体）以极高径向速度运动，且速度与距离成正比——这就是由于大爆炸而造成所谓宇宙膨胀。这径向速度造成了星云光谱的红移，但那同时又使得星云所发的光变为红光，从而被弥漫在星云之间的微尘吸收。因此，见不到极遥远的类星体很可能是由于上述吸收作用造成，而并非其不存在。

如何找出那些遥远的类星体呢？沙弗等人解决这个问题的关键在于：大部分类星体会同时发出可见光和无线电波，可见光的红移程度是测定距离所必需的，但它可能被微尘吸收，而无线电波却不会被吸收。因此，倘若能为每一个可能是类星体的无线电源找到相应的可见光源，并且由此确定其距离，那么就可以有信心确定最远的类星体距离。类星体是 1968 年发现的特异天体。令人惊诧的是，它亮度（即每秒所发出的辐射能量）极高，相当于甚至超过整个星云（每一星云包含 10 的 9 次方至 10 的 11 次方颗星）。另一方面，类星体显示出极迅速的闪烁。也就是说，它可以在几秒钟之内，大幅改变亮度。由于和它表面任何两点产生同步变化的讯号不能快过光速，所以又可以从它闪烁的特征时间估计它表面直径的上限。这样，就发现类星体的表面积远小于星云，只和一颗恒星相若。其所以称为类星体，就是由于其亮度近于星云，大小则像恒星，所以无从简单判断其性质和构造。

类星体的本质，曾经令天文学家长期感到迷惑。现在他们多少趋向于同意，类星体是所谓活跃星云的核心，亦即是由于星云相撞或者其中心由于重力塌缩而形成巨大黑洞之后，又不断吸入大量物质所造成的现象。类星体是宇宙进化的产物。

研究人员首先将整个南半球天空所有已知具有类星体无线电波谱型的射电源加以精确定位，然后在其位置一一寻找到了相应的可见光源，并且辨明这些光源的形态、红移程度和距离。这样所得结果是：最遥远的类星体的红移系数是 z＝4.46，那说明它发光的时间离宇宙形成之初只有 89 亿年，亦即目前宇宙年龄的 6.5％左右。在更远的距离（相当于 z＞5 和更早的年代）尽管还有许多其他发光星体，但具有其特殊无线电谱型的类星体则并不存在。于是证明，早期宇宙是没有发射强无线电波的类星体的。并且他们认为，有理由相信同样结果还适用于所有类星体。倘若上面的结论可以站得住脚的话，那么我们对星云开始形成的年代也得到了一个估计，即不迟于大爆炸之后 8.9 亿年。

点评

关于宇宙之初的景象，科学家们做了大量的研究，他们提出的早期宇宙没有发射强无线电波的类星体的结论对我们研究宇宙有着极为重要的意义。

物体在什么地方最重

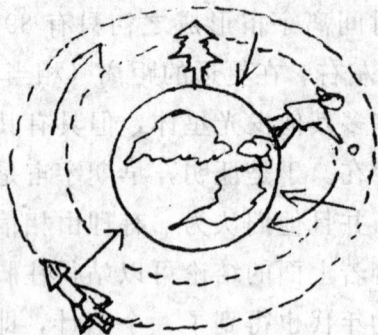

你知道物体在什么地方最重吗？是在遥远的太空，还是深不可测的海底呢？下面的例子将告诉你这个答案。

我们知道，根据万有引力定律，地球吸引一切物体，可以看作它的全部质量都集中在它的中心（地心），而这个引力跟距离的平方成反比。比如，地球施向一个物体的吸引力（地球引力）要跟着这个物体从地面升高而减低。假如我们把 1 千克重的砝码提高到离地面 6400 公里，就是把这砝码举起到离地球中心两倍地球半径的距离，那么这个物体所受到的地球引力就会减弱 1/4，如果在那里把这个砝码放在弹簧秤上称，就不再是 1000 克，而只是 250 克。因为，砝码跟地心的距离已经加到地面到地心的距离的两倍，因此引力就要减到原来的 1/2，就是 1/4。如果把砝码移到离地面 12800 公里，也就是离地心等于地球半径的 3 倍，引力就要减到原来的 1/3，就是 1/9；1000 克的砝码，用弹簧秤来称就只有 111 克了，依此类推。

这样看来，自然而然会产生一种想法，认为物体越跟地球的核心（地心）接近，地球引力就会越大；也就是说，一个砝码，在地下很深的地方应该更重一些。但是，这个臆断是不正确的：物体在地下越深，它的重力不但不是越大，反而越小了。这是什么原因呢？

原来，在地下很深的地方，吸引物体的地球物质微粒已经不只是在这个物体的一面，而是在它的各方面。那个在地下很深地方的砝码，一方面受到在它下面的地球物质微粒向下方的吸引，另外一方面又受到在它上面的微粒向上方的吸引。这些是引力相互作用的结果，实际发生吸引作用的只是半径等于从地心到物体之间的距离的那个球体。因此，如果物体逐渐深入到地球内部，它的重力会很快减小。一到地心，重力就会完全失去，因为，在那时候，物体四周的地球物质微粒对它所施的引力各方面完全相等了。

点评

上面的故事告诉我们，物体只是当它在地面上的时候才有最大的重力，至于升到高空或深入地球，都只会使它的重力减小。

极其罕见的绿色阳光

看到这个题目，也许你要问：阳光不都是白色或者白里稍带微红和微黄色的吗？怎么会是绿色的呢？阳光有时确实是绿色的，不过它存在的时间非常短暂，一般只有两三秒钟，有时还不到一秒钟，所以能看到绿色阳光的人并不多。

1979年7月20日的黄昏，波兰快艇运动员乌尔班齐克率领"晨星号"帆船从旧金山经赤道驶过波利尼西亚，夕阳正缓缓地堕入大海。满天的晚霞将海面染上了一层淡红，红色的天空，红色的水面，水天一色，正在甲板上的舵手陶醉在这美妙的景色之中。

忽然，就在太阳将被海面浸没的一瞬间，金色的火球突然喷射出耀眼的像绿宝石发出的鲜艳夺目的绿色光芒，犹如一道绿色的闪电划过天际，使周围的一切都被绿色所笼罩，甲板上的舵手不由得惊叫起来，可是等其他船员跑上甲板，顺着他所指的方向望去时，落日的余晖仍和往常一样，哪有什么绿光？

第二天，全体船员在日落半小时前都上了甲板，可是绿色的阳光没有出现。不甘心的船员连续观察了几天，终于又有几位船员看到了这神秘的绿色阳光。

这是怎么回事呢？原来我们通常看到的太阳光是由红、橙、黄、绿、青、蓝、紫七种单色光组成的，这些光波有长有短。午时，太阳光在空气里走过的路程比早、晚时短，这时只有少量的最易散射的紫、青、蓝等短光波被飘浮在大气中的微小颗粒所拦阻，这样的阳光，人的肉眼是感觉不到颜色的，所以看起来太阳光是近似白光，或者白里稍带微红和微黄色。

在清晨或傍晚时分，阳光斜射，穿过大气层的厚度特别大，遇到悬浮在大气中小尘粒、小水珠的拦阻机会也大。这时，短光波就被强烈地散射掉。只有那些波长较长的红、橙、黄等颜色的光才能透过这些大气中的微粒进入人的眼睛，所以平时只能看到"落日夕阳红似火"的情景。

但是像地球一样成曲面的大气，仿佛是一个一端向上的"气体透镜"，当太阳光穿过时，这层大气使白色光折射而发生色散。当太阳靠近地平线，太阳光几乎呈水平方向穿过大气层时，这种折射引起的色散最明显。夕阳落下时，红光最先没入地平线下，随后消失的是橙光和黄光。虽然此时地平线上还留有绿光、青光、蓝光和紫光，青光、蓝光、紫光波长较短，在大气中尘埃的强烈散射作用下，变得很弱，人的肉眼几乎看不到，只有比较强的绿光，能够到达人的肉眼，并且显得格外耀眼夺目，所以看到的阳光就是绿色的啦。

点评

也许我们一生都没有见过这种绿色的阳光，可是，我们不能否认它的存在。如果有一天，你真的见到了这种绿色的阳光，不要怀疑自己的眼睛，因为这是自然的奇迹。

隐形的大力士

生活中常常会有很多奇怪的事情，我们可以举个例子。如果我们在桌子上放一块厚0.5厘米、宽5厘米、长50厘米的薄木板条，板条的一端伸出桌子边沿，桌上铺一张报纸（这张报纸必须平整），使它压在板条上，然后用锤子来猛击板条，板条被敲成两段，但是报纸仍然不动！

难道一张报纸会有这么大的力气吗？事实上，不是报纸的力气大，而是隐形的大力士——空气在作怪。

空气的重量虽然很小。但是由于地球外围包着厚厚的一层大气，所以产生的压力还是很大的。在海平面上大气所产生的压强大约是1.0336千克/平方厘米。计算表明，葛利克做实验用的马德堡半球，左右两侧受到的总压力在两吨以上，所以每边要用八匹马才能把它们拉开。

一张报纸的面积大约是4290平方厘米，按1平方厘米报纸受到1千克空气压力计算，那么在报纸上的总压力就是4

吨多。

为什么桌子没有被压坏呢？这是因为大气并不是只有向下的压力，它是压向四面八方的，桌子下边的空气也有向上的压强，上下互相抵消了。

大气压是人类看不见的助手，许多事情要靠它帮忙。比如：你要往自来水笔里灌墨水，得先把笔囊里的空气挤出去，然后一松手，墨水就进到笔囊里了。这是因为笔囊里空气少了，压强小了，外边的大气压就把墨水给压上去了。喝汽水用的"吸管"等等，都是大气压的作用。

就是我们的呼吸也要依靠大气压：我们吸气的时候总是扩张胸腔，使肺里的气压降低，外边的大气压强就把空气压进身体里了。

人们一时一刻也离不开大气压。人可以在失重下生活，却经受不住半秒钟的失压。所以载人的宇宙飞船必须有密闭座舱，座舱里要保持一定的大气压。

点 评

现在你明白了吧，隐形的大力士原来就在我们身边，所以，我们一定要养成爱动脑筋的习惯，要善于观察身边的事物啊。

神奇的光量子理论

　　光量子理论是由我们熟悉的物理学家爱因斯坦提出的，那么，我们不禁要问：什么是光量子理论呢？光量子理论是在什么样的情况下提出的？

　　其实，普朗克的能量子假说提出后的几年内，并未引起人们的兴趣，爱因斯坦却看到了它的重要性。他赞成能量子假说，并从中得到了重要启示：在现有的物理理论中，物质是由一个一个原子组成的，是不连续的，而光（电磁波）却是连续的。在原子的不连续性和光波的连续性之间有深刻的矛盾。为了解释光电效应，1905 年爱因斯坦在普朗克能量子假说的基础上提出了光量子假说。

　　爱因斯坦大胆假设：光和原子电子一样也具有粒子性，光就是以光速 C 运动着的粒子流，他把这种粒子叫光量子。同普朗克的能量子一样，每个光量子的能量也是 $E = h\nu$，根据相对论的质能关系式，每个光子的动量为 $p = E/c = h/\lambda$。

　　列别捷夫的光压实验证实了光的动量和能量的关系式。根据光量子假说，爱因斯坦顺利地推出普朗克公式，并且还提出了一个光电效应公式。

光量子假说成功地解释了光电效应。当紫外线这一类的波长较短的光线照射金属表面时，金属中便有电子逸出，这种现象被称为光电效应。它是由赫兹和勒纳德发现的。光电效应的实验表明：微弱的紫光能从金属表面打出电子，而很强的红光却不能打出电子，就是说光电效应的产生只取决于光的频率而与光的强度无关。这个现象用光的波动说是解释不了的。因为光的波动说认为光是一种波，它的能量是连续的，和光波的振幅即强度有关，而和光的频率即颜色无关，如果微弱的紫光能从金属表面打出电子来，则很强的红光应更能打出电子来，而事实却与此相反。利用光量子假说可以圆满地解释光电效应。按照光量子假说，光是由光量子组成的，光的能量是不连续的，每个光量子的能量要达到一定数值才能克服电子的逸出功，从金属表面打出电子来。微弱的紫光虽然数目比较少，但是每个光量子的能量却足够大，所以能从金属表面打出电子来；很强的红光，光量子的数目虽然很多，但每个光量子的能量不够大，不足以克服电子的逸出，所以不能打出电子来。

赫兹以自己的实验证实了电磁波的存在，从当时的观点看来光量子假说同光的干涉事实矛盾，许多物理学家不赞成光量子假说，就连普朗克也抱怨说"太过分了"，他在写给爱因斯坦的信中说："我为作用基光量子（光量子）所寻找的不是它在真空中的意义，而是它在吸收和发射地方的意义，并且我认为，真空中的过程已由麦克斯韦方程做了精确的描述"。直到20世纪初他还拒绝光量子假说。

美国物理学家米立肯曾花费十年时间去做光电效应实验。最初他不相信光量子理论，企图以实验来否定它，但实验的结果却同他最初的愿望相反。他宣告自己的实验证实了爱因斯坦光电效应公式。他根据光量子理论给出了 h 值的测定，与普朗克辐射公式给出的 h 值符合得很好。

20 世纪 20 年代，康普敦研究了 X 射线经金属或石墨等物质散射后的光谱。根据古典电磁波理论，入射波长应与散射波长相等，而康普敦的实验却发现，除有波长不变的散射外，还有大于入射波长的散射存在，这种改变波长的散射称为康普敦效应。光的波动说无论如何也不能解释这种效应，而光量子假说却能成功地解释它。按照光量子理论，入射 X 射线是光子束，光子同散射体中的自由电子碰撞时，将把自己的一部分能量给了电子，由于散射后的光子能量减少了，从而使光子的频率减小，波长变大。因此，康普敦效应的发现，有力地证实了光量子假说。

爱因斯坦的光量子假说发展了普朗克所开创的量子理论。在普朗克的理论中，还是坚持电磁波在本质上是连续的，只是假定当它们与器壁振子发生能量交换时电磁能量才显示出量子性。爱因斯坦对旧理论不是采取改良的态度，而是要求弄清事物的本质彻底解决问题，他看出量子不是一个成功的数学公式，而是揭露光的本质的手段。他克服了普朗克量子假说的不彻底性，把量子性从辐射的机制引申到光的本身上，认为光本身也是不连续的，光不仅在吸收和发射时是量子化的，而且光的传播本身也是量子化的。

点评

爱因斯坦的光量子假说恢复了光的粒子性，使人们终于认清了光的波粒双重性格，而且在它的启发下，发现了德布罗意物质波，使人们认清了微观世界的波粒二象性，为后来量子力学的建立奠定了基础。

一条难懂的定律

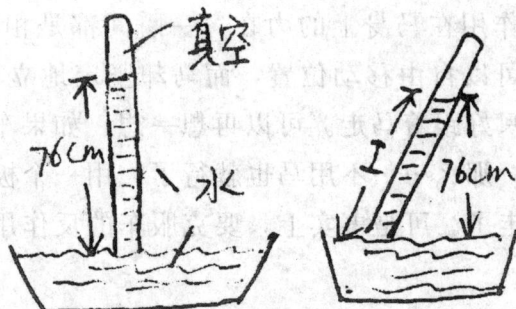

　　力学的三条基本定律里，大概要算第三条所谓作用和反作用定律最使人疑惑不解了。大家都知道这条定律，甚至在某种情况下也会正确地应用它，可是很少有人能够完全明了它的意义。

　　我们或许听别人讨论过这个定律，或者曾经不止一次地看出，人们对这条定律的正确性的承认，都是有保留的。他们认为，这条定律对静止的物体说来，毫无疑问是正确的，但是不懂得怎样把它应用到运动物体的相互作用上……这条定律说，作用永远等于方向相反的反作用，这就是说，如果马拉车子，那么车子也以同样大的力量往后拉马。可是这时候车子就应该停在原来地方不动才对，为什么它还是向前走呢？这两个力量如果是相等的，为什么它们不互相抵消呢？

　　一般人对于这条定律的怀疑就是这样的。那么，是因为这条定律是不可靠的吗？不，定律毫无疑问是可靠的；只不过我们还没有正确地理解它。两个力没有互相抵消掉，只是因为它们是加在不同物体上的缘故：一个力加在车上，一个力加在马上。两个力是一样大，没有错——可是，难道说一样大的力永远会产生一样大的作用吗？难道说一样大的力能够使随便什么物体得到一样大的加速度吗？难道说，力对物体的作用是和物体本身，和物体的"抵抗力"的大小没有关系的吗？

如果想到了这些，那么，车子虽然在用同样大小的力量向后拉马，而马还能拉着车走的原因就很容易明白了。作用在车子上的力和作用在马身上的力在每一瞬间都是相等的；但是，车有轮子，可以自由移动位置，而马却坚定地立足在地面上，因此，车子只好跟着马走。可以再想一想，如果车对马的动力不起反作用，那么……不用马也就行了，用一个极小的力量也就能拉着车走了。可是事实上，要克服车的反作用，还是非马不可。

如果把这条定律的通常所用的简短形式"作用等于反作用"改成譬如说"作用力等于反作用力"，那么也许能使大家更容易理解，也少产生些疑问。因为这里相等的只是力。至于作用（如果像平常那样，把"力的作用"理解成物体的位置移动），因为受力的物体不同，一般是不会相等的。

物体落下的时候，当然也服从作用等于反作用的定律，虽然这两方面的力不是一下子就看得出来的。苹果落到地上，是因为地球在吸引它；可是苹果也在用完全相等的力吸引地球。严格地说，苹果和地球是在彼此相向地落下，不过落下的速度，在苹果方面和在地球方面是大不相同的。两个同样大小的相互吸引力，使苹果得到了 10 米每二次方秒的加速度，而地球呢——它的质量比苹果大几倍，它得到的加速度也只有苹果得到的几分之一。地球的质量比苹果的大无数倍，因此，地球向苹果的移动便小到不能再小，实际上只能算作零。所以我们说苹果落到地上，而不说"苹果和地球彼此相向地落下"，就是这个道理。

点 评

最平常的事件也可能蕴涵最深刻的道理，我们不要忽视自己身边的每一件事，如果养成爱观察爱思考的习惯，也许你也能成为牛顿。

如何降低触电带来的危险

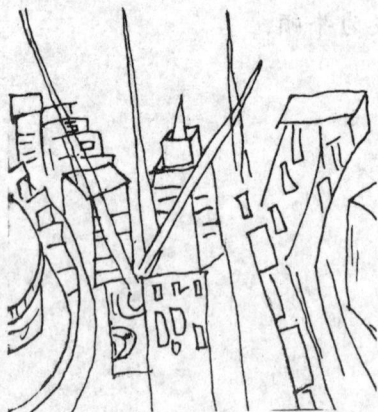

常听人们有这种说法：触电时人被电吸住了，抽不开。那么，电真的能吸住人吗？

我们知道，不论是否存在电流，在一般情况正导线中、电器中的正、负电荷的电量是相等的，对外的静电作用是相互抵消。即使局部地方偶尔出现少许正、负电荷但不相等，其静电引力也是微不足道的。如若不然，就会出现下列奇特现象：用手去移动台灯引线，即使不被吸"住"，至少也会明显感到这种"吸"力，照明电线，特别是高压裸线，会"吸住"大量尘土从而形成粗长的尘土柱。事实上，这些现象都没出现。

但是问题出现了，人手触电时，为什么有时不把手抽回来？难道不想抽回来？显然是被吸住了抽不回来。对这一提问可用电流的生理效应来解释。

人手触电时，由于电流的刺激，手会由痉挛到麻痹。即使发出抽回手的指令，无奈手已无法执行这一指令了。调查表明，绝大多数触电死亡者，都是手的掌心或手指与掌心的同侧部位触电。刚触电时，手因条件反射而弯曲，而弯曲的方向恰使手不自觉地握住了导线。这样，加长了触电时间，手很快地痉挛以致麻痹。这时即使想到应松开手指、抽回手臂，已不可能，形似被"吸住"了。如若触电时间再长一点，人的中枢神经都已麻痹，此时更不会抽手了。这些过程都是在较短的时间内发生的。

如手的背面触电，对一般的民用电，则不容易导致死亡，有经验的电工为了判断电器是否漏电而手边又无电笔，有时就用食指指甲一面去轻触用电器外壳。若漏电，则食指将因条件反向而弯曲，弯曲的方向又恰是脱离用电器的方向。这样，触电时间很短，不致有危险。

点 评

明白了这个道理，在生活中，碰到不得不接触电的时候，你就知道怎么样保护自己了。

从开动着的车子里下来，要向前跳吗

　　无论你把这个问题向什么人提出，一定会得到相同的答案，"根据惯性定律，是应该向前跳的"。但事实并非如此。

　　事实上，惯性定律在这个问题上只起着次要的作用，主要的原因却是在另外一点上。

　　当我们从一辆行驶着的车子上跳下的时候，我们的身体离开了车身，却仍旧保持着车辆的速度（依惯性作用继续运动）继续前进。这样看来，当我们向前跳下的时候，不但没消除这个速度，而且还相反地把这个速度加大了。

　　单从这一点看，我们从车子上跳下的时候，是完全应该向跟车行相反的方向跳下，而绝对不是向车行的方向跳下。因为，如果向后跳下，跳下的速度跟我们身体由于惯性作用继续前进的速度方向相反，把惯性速度抵消一部分，我们的身体才可以在比较小的力量作用之下跟地面接触。

　　事实上，无论什么人，从车上跳下的时候，总是面向行车的方向跳下的。这样做也确实是最好的方法，是被经验所证明了的，因此在下车的时候不要做向后跳跃的尝试。

那么，究竟是怎么一回事呢？

我们方才那套"理论"跟事实所以有出入，是因为我们没有解释清楚。在跳下车子的时候，无论我们面向车前还是面向车后，一定会感到一种跌倒的威胁，这是因为两只脚落地之后已经停止了前进，而身体却仍旧继续前进的缘故。当你向前方跳下的时候，身体的这个继续前进的速度，固然要比向后跳时的更大，但是，向前跳下还是要比向后跳下安全得多。因为向前跳下的时候，我们会依习惯的动作把一只脚放到前方（如果车子速度很快，还可以连续向前奔跑几步），这样就会防止向前的跌倒。这个动作我们是非常习惯的，因为我们平时在步行的时候都是这样做。从力学的观点上说，步行实际上就是一连串的向前倾跌，只是用一只脚踏出一步的方法阻止着真正跌倒下去。假如向后倾跌，那么就不能够用踏出一步的方法来阻止跌倒，因此真正跌倒的危险就大了许多。最后，还有一点也很重要：即使我们真的向前跌倒了，那么，因为我们可以把两只手撑住地面，跌伤的程度也要比向后仰跌轻得多。

所以，在下车的时候向前跳跃比较安全，它的原因与其说是受到惯性的作用，不如说是受到我们自己本身的作用。自然，对于不是活的物体，这个规则是不适用的：一只瓶子，如果从车上向前抛出去，落地的时候一定要比向后抛出去更容易跌碎。因此，假如你有必要在半路上从车上跳下，而且还要先把你的行李也丢下去，应该先把你的行李向后面丢出去，然后自己向前方跳下。面向着车行的方向向前跳下，一来减少了由于惯性给我们身体的速度，另外又避免了仰跌的危险。

点评

　　如果不好好的思考，司空见惯的事情，你也不一定能回答正确啊。

失重的人

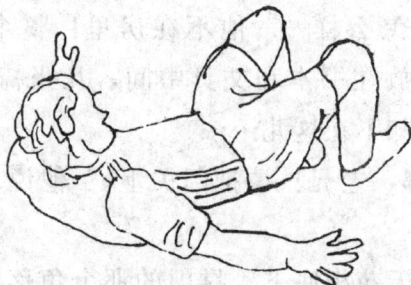

　　大概许多人小时候就有过一种幻想：假如自己变成和羽毛一样轻，甚至比空气还轻，那就可以免除引力的作用，自由自在地高高升到天空去，飘游到各地，那该多么好呀！但是，这样想的时候忘记了一件事情，就是人所以能够在地面上行动，只是因为人比空气重。实际上，托里拆利说过，"我们是生活在空气海洋的底上的"，因此，假如我们不管什么原因突然变轻了，变得比空气还轻，就不可避免地要向这个空气"海洋"的表面升起。那时候我们会升到几公里高，一直升到那稀薄空气的密度跟我们身体的密度相等的地方为止。而你原来打算自由自在地在山谷、平原上盘旋游历的想法，也完全破灭了，因为，你从引力的约束下解放出来了，却立刻又成了另外一个力的俘虏，成了大气流的俘虏了。

　　作家威尔斯曾经写过这样一部科学幻想小说的：一位非常臃肿肥胖的人，多方想法减轻他的体重。这篇小说的主人公恰好有一种神奇的药方，吃下这种药会使胖子减轻体重。这个胖子向他要了药方，照着把药服了下去，于是，当那位主人公去探望这个朋友的时候，下面这出乎意外的事件使主人公大吃一惊。书中写到：我敲了敲房门，门许久没有开。我听到钥匙的转动声音，然后，听到了派克拉夫特（胖子的名字）的声音：

"请进来。"

我旋动门柄，打开了房门。自然，我以为一定可以看到派克拉夫特了。

可是，你猜怎么样——他不在房里！整个书房都零乱得很，碟子和汤盆放在书本和文具中间，几张椅子都翻在地上，可是派克拉夫特却不在这儿……

"哦在这儿哪，老兄！请把门关上。"他说。这时候我才发现他。

这个人竟在天花板底下、靠门的那个角落，好像给人粘在天花板上似的。他的脸上带着恼怒和惊恐的表情。

"如果有些什么差池，那么，您，派克拉夫特先生，就会跌下来把头颈跌坏的，"我说。"我倒情愿跌下来呢。"他说。"像您这样年纪和体重的人，竟然做这种运动……可是，真的，您是怎样支持在那儿的呀？"我问。

突然我发现竟是一点也没有什么支持他，他是飘浮在那上面，就像一个吹胀了的气球。

他用力打算离开天花板，想沿墙壁爬到我这儿来。他抓住一只画框，但是那画框跟着他过去了，他就又飞到了天花板底下。他撞到天花板上，这才使我明白，他的膝肘各部之所以沾上了许多白粉的缘故。他重新用更大的细心和努力，想利用壁炉落下来。

"这个药方儿，"他喘息着说，"简直太灵验了。我的体重几乎完全消失了。"这一下，我一切都明白了。

"派克拉夫特！"我说，"您其实只需要治好您的肥胖病，但是您却一直把这叫做体重……好，别忙，让我来帮助你吧。"我说，一面捉住这位不幸的朋友的一只手，把他拖了下来。

他想站稳在什么地方，就在房间里乱蹦乱跳。真是一件不可思议的怪事！这就跟在大风里想拉住船帆的情形一样。

跳得非常疲惫的派克拉夫特说："请把我塞到那个很结实，很笨重的桌子底下去……"

我照他说的这样做了。可是，虽然他已经给塞到桌子底下，还仍旧在那儿摇晃着，跟一只系着的气球一样，一分钟也不肯安静。

"有一件事情要提醒您，"我说，"您千万别想跑到屋子外面去。如果您跑到屋外去了，那您就会飞升到高空去……"

我暗示他可以学会在天花板上用两只手走路，这大概不会有什么困难的。

"我没法睡觉。"他抱怨说。我教给他在铁床的钢丝网上缚好一个软褥子，把一切垫在床上的东西用带绑在那上面，把被也扣在铁床的边上。

人们给他搬了一架木梯进来，把食物放到书橱顶上。我们还想出了一个绝顶聪明的办法，使派克拉夫特能够随时落到地板上，这办法很简单，原来《大英百科全书》是放在敞开着的书橱的最上一层的，胖子只要随手拿两卷书在手里，他便会落到地板上来了。

我在他的家里整整待了两天，两天里，我用小钻和小锤想尽办法给他做了一些奇怪的用具，给他装了一条铁丝，使他能够去按铃唤人，等等。

我坐在壁炉旁边，他呢，挂在他自己喜欢的那个角落上，正在把一张土耳其地毯挂到天花板上去，这时候我起了一个念头："哎，派克拉夫特！"我喊道，"这些事情，我们都多做了！在你衣服里面装一层铅衬里，不就一切都解决了吗！"派克拉夫特高兴得差一些要哭出来。

"去买一张铅板，"我说，"衬在衣服里面。靴子里也要衬上一层铅，手里再提一只实心铅块做成的大手提箱，那就行了！那时候您就不必再待在这儿，简直可以到国外去旅行了。您更用不着担心轮船出事，万一出了事只要把身上的衣服脱去一部分或者全部，您就可以在空中飞行。"

上面所说的初看仿佛跟物理学上的定律完全符合。但是，这篇故事里也有一些问题应该提出来。最重要的一点是，即使体重全部消失了，胖子也并不可能升到天花板底下去！

事实是这样的：根据阿基米得原理，派克拉夫特只有在他衣服连同口袋里的物体的总重力比他那肥胖身体所排开的空气的重力小，才能"浮起"到天花板底下去。要算出一个人的体积所排开空气的重力也不难，只要我们知道人体的密度大约跟水相等。我们平均体重大约是 60 千克，可知同体积的水重也是这么多，而空气的密度一般只有水的 1/770，这就等于说，跟人体同体积的空气大约重 80 克。我们的派克拉夫特先生，再胖也恐怕不会超过 100 千克，因此，他所排开的空气最多也不会超过 130 克。那么，难道这位先生的衣、裤、鞋、袜、日记册、怀表以及别的小东西的总重力会不超过 130 克吗？当然不止。那么，这位胖子就应当继续停留在房里的地板上，虽然相当不稳定，但是至少不会"像系着的气球那样"，浮到天花板上去。他只有在完全脱掉衣服之后，才真正会浮上去。如果穿着衣服，他只应当像绑在"跳球"上的人一样，只要稍稍用一些劲，比方说轻轻地一跳，就会跳到离地面很高的地方，如果没有风，就又慢慢地落下来。

点评

看来，我们要变成一片羽毛，自由自在地在天空上飞翔，并不是一件简单的事情。

鸟居然能击落飞机

我们知道，运动是相对的。当鸟儿与飞机相对而行时，虽然鸟儿的速度不是很大，但是飞机的飞行速度很大，这样对于飞机来说，鸟儿的速度就很大。速度越大，撞击的力量就越大。

比如一只 0.45 千克的鸟，撞在速度为每小时 80 千米的飞机上时，就会产生 1500 牛顿的力，要是撞在速度为每小时 960 千米的飞机上，那就要产生 21.6 万牛顿的力。如果是一只 1.8 千克的鸟撞在速度为每小时 700 千米的飞机上，产生的冲击力比炮弹的冲击力还要大。所以浑身是肉的鸟儿也能变成击落飞机的"炮弹"。

1962 年 11 月，赫赫有名的"子爵号"飞机正在美国马里兰州伊利奥特市上空平稳地飞行，突然一声巨响，飞机从高空栽了下来。事后发现酿成这场空中悲剧的罪魁就是一只在空中慢慢翱翔的天鹅。

在我国也发生过类似的事情。1991 年 10 月 6 日，海南海口市乐东机场，海军航空兵的一架"014 号"飞机刚腾空而起，突然，"砰"的一声巨响，机体猛然一颤，飞行员发现左前三角挡风玻璃完全破碎，令人庆幸的是，飞行员凭着顽强的意志和娴熟的技术终于使飞机降落在跑道上，追究原因还是一只迎面飞来的小鸟。

瞬间的碰撞会产生巨大冲击力的事例，不只发生在鸟与飞机之间，也可以发生在鸡与汽车之间。

如果一只 1.5 千克的鸡与速度为每小时 54 千米的汽车相撞时产生的力有 2800 多牛顿。一次，一位汽车司机开车行使在乡间公路上，突然，一只母鸡受惊，猛然在车前跳起，结果冲破汽车前窗，一头撞进驾驶室，并使司机受了伤，可以说，汽车司机没被母鸡撞死真算幸运。

点评

原来，鸟真的可以击落飞机，鸡也真的会使汽车发生意外，如果我们懂得了运动和速度的关系，我们就不会觉得惊讶了。

穿得越多不一定越暖

　　寒冷的冬季，有的人喜欢穿得鼓鼓囊囊，以为穿得越多越暖和，难道这种做法是正确的吗？下面我们来分析一下。

　　寒冷季节，外界温度较低，皮肤表面辐射出大量的热，通过体表空气对流，身体就会发冷，如果穿上棉衣，就会立刻感到暖和。这并非棉衣可以产生热量，而是中间的棉絮或其他絮状物（如丝绵、合成羊毛等）使身体热量不易向外散发，阻挡了外界冷空气与体表热空气层的对流，因而肌肤和衣服之间就形成了温暖的小气候空间。适宜的衣服小气候有助于调节体温、维持健康。

　　衣服的保暖程度与衣服内空气层的厚度有关系。有人喜欢穿弹力衣服，衣服与身体紧贴，空气层的厚度几乎为零，保暖性最差。当一件一件衣服穿上后，空气层厚度随之增加，保暖性也就随之增大。但当空气层总厚度超过 15 毫米时，衣服内空气对流明显加大，保暖性反而下降，因而鼓鼓囊囊太宽松的衣服也不保暖。所以，冬季穿衣要有一定的件数和适宜的厚度。羽绒衣有一定的厚度，羊毛织物的气孔不是直通的，都能给人带来适宜的衣服小气候。皮类服装几乎可以阻绝衣服内外空气的对流，保暖效果最佳。

点 评

在严寒的冬季，不要为了保暖把自己捂的那样严实，因为，穿的越多不一定越暖，当下一个寒冷的冬季到来的时候，大家要合理的搭配自己的衣服啊。

破冰船怎样工作

我们在电视里经常看到破冰船工作的场面，可是，破冰船工作的原理是什么呢？它是不是和切冰船工作的原理是一样的呢？分析这个问题，我们可以从最常见的事情说起。

在洗澡的时候，请你利用机会做下面的试验。在跳出浴盆以前，先打开它的放水孔，继续让自己的身体躺在盆底上。这时你的身体露出水面的部分在逐渐加多，同时你也觉得你的身体在逐渐变重。在这种情况下，你可以极清楚地看出，只要你的身体一露出水面，它在水里失去的重力（你可以回想一下你在水里的时候曾经觉得自己是多么轻啊！）就立刻恢复。

鲸鱼不由自主地在做着同样的试验——在退潮的时候，如果搁在浅水滩上，也会有同样的感觉的。但是这对它会引起致命的后果：它会被自己的惊人的重力压死。难怪本来是哺乳动物的鲸鱼，却要住在水里：水的浮力能够救它，使它免得因重力的作用被压死。

而破冰船的工作也是用相同的物理现象做基础的：露在水面上的那一部分船身，因为它的重力没有水的浮力作用把它抵消掉，所以仍旧有它原来的"陆上"重力。你不要以为破冰船在行驶的时候是用自己的船首部分的压力不断地切开冰的。破冰船不是这样工作的，这样工作的是切冰船，例如像在 30 年代著名的"里特克"号。这种工作方法只能用来对付比较薄的冰。

真正的海洋破冰船是用另外一种方法工作的。破冰船上的强大的机器在开动的时候，能把自己的船首移到冰面上去。它的船首的水下部分就是因为这个缘故造得非常斜。船首出现在水面上的时候，就恢复了自己的全部重力，而这个极大的重力就能把冰压碎。为了加强作用力，有时候在船首的贮水舱里，还要盛满水——"液体压舱物"。

在冰块的厚度不超过半米的时候，破冰船就是这样工作的。遇到更厚的冰块，就要用船的撞击作用来制服它。这时候破冰船就向后退，然后用自己的全部质量向冰块猛撞上去。这时候起作用的已经不是重力，而是运动着的轮船的动能，船好像变成了一个速度和质量极大的炮弹，变成了一个撞锤。

几米高的冰山，破冰船就得用它坚固的船首猛烈撞击几次，才能把它们撞碎。参加过 1932 年有名的"西伯利亚人"号通过极地的航行的水手马尔科夫曾经这样描写过这只破冰船的工作：

在几百座冰山中间，在密实地覆盖着冰的地方，"西伯利亚人"号开始了战斗。连续 52 小时，信号机上的指针老是在从"全速度后退"跳到"全速度前进"。在 13 班每班 4 小时的海上工作里，"西伯利亚人"号疾驰着向冰块冲去，用船首撞它们，爬到冰上把它们压碎，然后又退回来。厚达 3/4 米的冰块慢慢地让出了一条路。每撞一次，船身就可以向前推进 1/3。

点评

生活中很多相似的东西工作原理也会有很大的区别，就如同破冰船和切冰船一样。所以，我们看什么东西都应该仔细，要知道相似的东西并不等于完全相同。

近视眼如何看东西

我们知道，患近视的人不戴眼镜的话，是看不清楚比较远的东西的；但是他们在不戴眼镜的时候究竟能看见些什么，他们所看到的东西究竟是什么情形，这却是正常视力的人难以理解的。但是患近视的人既是那么多，去了解他们所看到的周围世界是什么样子，也应该是一件有益的事情。

首先，患近视的人（没戴眼镜）永远不可能看到线条分明的轮廓，一切东西对他们来说都有模糊的外形。一个视力正常的人，向一株大树望去，能够清楚地在天空背景上辨出个别的树叶和细枝。患近视的人却只看到一片没有明显形状的模糊不清的幻觉般的绿色，细微的地方是完全看不到的。

对于患近视的人，人的面孔要比正常视力的人所看到的更年轻更整洁，因为面孔上的皱纹和小斑疤他们都看不见，粗糙的红色的皮肤也像是柔和的苹果色。我们有时候会觉得奇怪，某人判断别人的年龄往往会差了 20 岁；对于美的鉴别力，很奇怪，他时常一直把头伸到我们面前来向我们看，仿佛从来不认识一样……这一切常常不过是由于他近视的缘故罢了。一个患近视的人不戴眼镜跟你谈话的时候，他根本看不清你的面孔，至少他所看到的，跟你所预料的不同：在他面前只是一个模糊的轮廓，看不出面孔上什么特点，因此，一小时后假如他再碰到你，他已经不认识你了。患近视的人辨别一个人，大多是根据对方的声音，而不是根据对方的外形。他们在视觉上的缺憾是从听觉的敏锐上得到补偿的。

研究一下夜里的情形对于患近视的人是怎么一回事，也是很有趣的事情。在夜里的灯光下面，一切光亮的物体，像电灯。照得很亮的窗玻璃等等，对于患近视的人都变成很大，他所看到的就是不规则的光亮斑点和一些黑影。街灯在患近视的人看来只是两三个大光点，笼罩了街道上别的部分。他们看不见驶近的汽车；看到的只是两个明亮的光点（头灯），后面只见黑漆漆的一大片。

甚至连夜里的天空，患近视的人所看到的也跟正常视力的人大不相同。患近视的人只能够看到的，不是几千颗星，而只有几百颗星。但是这几百颗星在他看来却像一些很大的光球。月亮在患近视的人看来显得非常大而且好像非常近；"半月"在他看来形状很复杂，很奇怪。这一切歪曲以及仿佛放大的原因，当然是由于患近视的人的眼睛构造上有了毛病。患近视的人眼球太深了，它收到的外面物体上每一点所发的光线，不能够恰好集中在视网膜上，而是在网膜的前面。因此光线射到眼球底部的视网膜的时候，已经又散了开来，以致造成了模糊的像。

点评

　　我们身边那么多近视眼患者，如果，懂得了近视眼形成的原因，对预防近视会有一定的帮助。

静脉输液时的滴点速度因何稳定

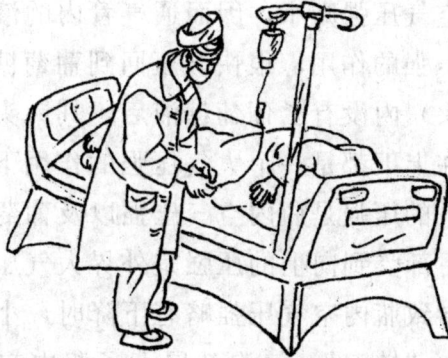

你知道为什么医院作封闭式静脉输液时，要求在输液过程中，保持滴点的速度几乎不变吗？通过观察医院作封闭式静脉输液用的部分装置，结合气体压强、液体压强的知识我们可以说明其道理。

输液时，医生先将葡萄糖液瓶倒挂，然后将通气管上的通气针插入，这时通气管与葡萄糖液瓶内部连通，葡萄糖液有一部分进入通气管内。但我们注意到进入的量并不多，通气管内的液面远比葡萄糖液瓶内的液面要低。接着医生就把点滴玻璃管和输液管连好，然后将输液管通过针头与葡萄糖液瓶内部相连。调节橡皮管上的夹子，葡萄糖水就开始均匀地一滴一滴在点滴玻璃管内下落了。

首先，当插入通气管后，为什么通气管内的液面远低于葡萄糖液瓶内的液面。由于葡萄糖液瓶内的空气是密闭的。当通气管和葡萄糖液瓶内接通时，部分葡萄糖液已进入通气管，这样葡萄糖液瓶内部的液面就有所下降，瓶内空气的体积就会增大，压强就要减小。正是由于瓶内空气压强减小，小于外界大气压，所以导致了通气管内的液面与葡萄糖液瓶内液面之间出现了上述的高度差。

其次，我们来分析输液时葡萄糖液瓶内的压强情况：我们知道，液体压强是随深度增加而增大的。液体越深压强越大，这样液流速度就越快。在输液开始后，葡萄糖液瓶内的液面持续下降，瓶内空气压强减小，因而通气管内的液体由于受到外界稳定的大气压强的作用，很快被压回到葡萄糖液瓶内。当通气管（包括针头）内没有了葡萄糖液后，其针头顶端开口处的小液片就刚好在上下都是一个大气压强的作用下平衡。小液片的上部受到向下的压强是瓶内空气压强以及葡萄糖液产生的压强。小液片的下部受到向上的压强是外界大气压强。当瓶内液面继续下降而导致瓶内空气压强略有下降时，小液片就不再平衡，它让开一个"缺口"，气泡就冒上了瓶内空气之中。瓶内空气量增多，压强就稍有增大，通气管针头顶端开口处的小液片又在上下都是一个压强的作用下重新平衡。

这样，在整个输液过程中，通气管针头顶端开口处的小液片受到的向下的压强基本保持在一个大气压强的水平，不会因瓶内液面的下降而变化。由于通气管针头顶端所处水平面液体的压强基本保持不变，因而在它下面一定距离的点滴玻璃管上端口液体的压强也基本保持不变。这样，就对稳定滴点速度起到了积极作用。

点评

输液是生活中的一件常见的事情，可是，我们很少有人去探讨滴点速度是否稳定的问题，上面的分析，希望能对你有所启示。

用不正确的天平正确称量

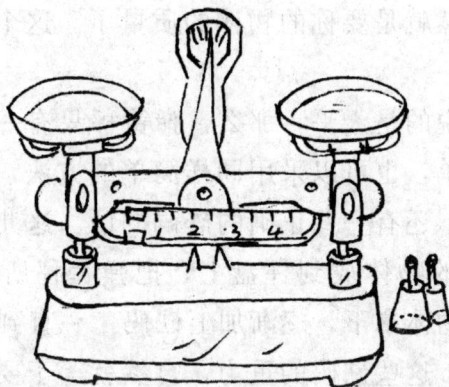

　　试问，如果要得到正确的称量，什么东西最重要，是天平还是砝码？也许你要回答两种东西同样重要，那你就错了：你可以用一架不正确的天平做出正确的称量，只要你手头有正确的砝码。用不正确的天平进行正确的称量，我们现在简单的介绍两种方法。

　　第一种方法是俄罗斯的化学家门得列耶夫所提出的。第一步，把一个重物放到天平的一只盘上——什么重物都可以，只要它比要称的物体重一些就好。然后把砝码放在另外一只盘上，使天平的两边平衡。现在，把要称的物体放到放砝码的盘上，从这只盘上逐渐把一部分砝码拿下来，使天平恢复平衡。这样，拿下的砝码的质量，自然就等于要称的物体的质量，因为就在这同一只天平盘上，拿下的砝码现在已经由要称的物体代替了，可知它们是有相同的质量的。

　　这个方法一般叫做"恒载量法"，对于需要一连串称量几个物体的时候特别适用，那些原来的重物一直放在一只盘里，可以用来进行全部的称量。

另外一种称量的方法是这样的：把要称的物体放到天平的一只盘上，另外拿些沙粒或铁砂加到另外一只盘上，一直加到两边平衡。然后，把这物体拿下（沙粒别去动它），逐渐把砝码加到这只盘上，加到两只盘重新恢复平衡为止。于是，盘上砝码的质量自然就是要称的物体的质量了。这个方法叫做"替换法"。

刚才我们说的是天平，那么，弹簧秤只有一个秤盘，要怎么办呢？很简单，也可以采用同样简单的方法，假如你手头除掉弹簧秤以外，还有一些正确的砝码的话。这儿用不到沙粒或铁砂，把要称的物体放到秤盘上，把弹簧秤所指示的重力记下。然后，把物体拿下，逐渐加上砝码，一直到弹簧秤指出同样的重力为止。这些砝码的重力，自然就等于要称的物体的重力了。

点 评

现在你明白了吧，即使没有正确的天平，我们也同样能够进行正确的称量。其实，只不过是我们转换了一下思维方式而已。

从地球到太阳的一条"钢绳"

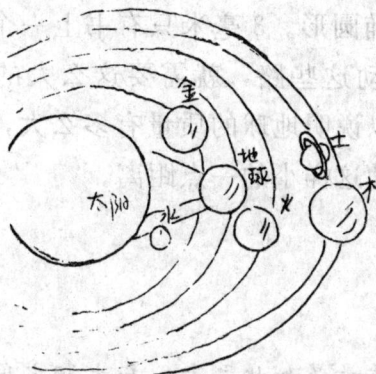

　　让我们想象，太阳的强大引力由于某种原因真的消失了，那地球就要面临一个悲惨的命运，永远向那寒冷而且幽暗的宇宙深处飞去。你可以想象一下——这里需要幻想——假定工程师们决定要用实在的链条来代替那看不见的引力的链条，或者说，他们干脆想用结实的钢绳把地球跟太阳连起来，使地球留在圆形的轨道上绕着太阳转。

　　有什么东西比每平方毫米能经受住 100 千克拉力的钢更坚固的呢？那就让我们想象一条直径是 5 公里的大钢柱吧。它的切面，用整数来说，是 2000 万平方米，所以只有用 20000 亿吨的重物才能把这根柱子拉断。我们再想象用这样的钢柱从地球上伸到太阳里，使两个天体连在一起。你知道得用多少根这样的大柱子，才能把地球维系在自己的轨道上？得用 200 万根！为了使你更清楚地想象这一个分布在大陆和海洋上的钢柱的森林有多么密，我们假定所有钢柱都均匀地分布在面向太阳的那半个地球的表面上，那相邻的各根钢柱之间的空隙，只比钢柱本身略微宽一些。这样大的一座钢柱的森林，你想象一下得用多大的力才能把它拉断。从这里你就可以想象得出，太阳和地球之间的看不见的相互引力有多强。

可是这样大的力用来使地球的路线发生弯曲，也只是迫使地球每秒钟离开切线 3 毫米。由于这个缘故，地球所走的路线成了一个封闭的椭圆形。3 毫米只有书上一个铅字那么高。强迫地球每秒钟移动这些路，就需要这么大的力，这不是怪事吗！然而这却可以说明地球的质量有多么大，即使用这样大的力也只能使它移动这样小的一点距离。

点 评

地球的质量是如此之大，与太阳之间的引力又是如此之强，看来，宇宙天体之间那看不见的引力正维持着宇宙的平衡，如果引力一旦消失，宇宙的未来不容乐观。

为什么紧闭着窗子还觉得有风

　　我们时常会碰到这样的情形：房间里的窗子关闭得非常紧，没有丝毫漏缝，竟仍旧会觉得有风。这好像很奇怪。但是事实上却没有什么可以奇怪的。

　　房间里的空气几乎没有完全安定的时候。房间里面总有一些看不出的空气流，这种空气流是由于空气的受热或冷却引起的。空气受热，就会变得比较稀，因此也就变得比较轻；受冷呢，相反的，就会变得比较密，也就变得比较重。给电灯或炉子烧热了的比较轻的暖空气，会给冷空气挤压向上升，升到天花板；而靠近冷窗子或墙壁的比较重的冷空气，就要向下沉，沉到地板上。

　　关于房间里面的这种空气流，我们可以利用孩子们玩的气球来观察，在一只气球下面系上一个小物体，使得这个气球不会一直飞到天花板，只能够飘浮在空中，于是，把这只气球放在熊熊的火炉旁边，它就会受到看不见的空气流带动，在房间里慢慢地旅行起来。首先从炉子旁边升到天花板底下，然后飘到窗子旁边，从那里落到地板上，又回到炉子旁边，重新绕着房间打圈子。

点评

通过分析，希望大家能明白冬天窗子虽然关闭得非常紧密，房间外面的寒气不可能透进里面来，而我们却仍旧会感觉有风在吹着，特别在脚下更显著的原因。

宇宙射线的发现

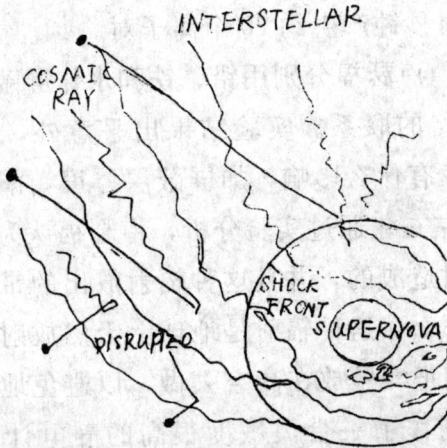

20世纪初，奥地利科学家赫斯通过实验发现了宇宙射线。他的这一发现，不仅解决了困惑物理学界100多年的难题，而且开辟了基本粒子研究的新领域，因此有极其深刻的历史意义。由于这一重大发现，1936年赫斯获得诺贝尔物理奖。

早在18世纪后期，法国物理学家库仑发现，放在空气中的带电体会逐渐地失去电荷。当时，人们已经知道空气是良好的绝缘体，是不导电的。那么，带电体上的电荷为什么会丢失呢？无法解释。因此，空气漏电问题在此后一个多世纪里始终是物理学界中的一个谜。

19世纪末，法国物理学家贝克勒尔在一个偶然的机会中发现含铀矿物能放出穿透能力很强的射线，同时实验探测技术也有了很大提高，使物理学家们受到启发，才又重新把注意力放在空气漏电问题的实验研究上。威尔逊用密闭的验电器进行大气漏电率的测量，发现在黑暗中和漫反射的日光中漏电率相等，并且正、负电荷漏电率也相等。同年，德国科学家盖特尔和埃尔斯特在不同高度和不同天气条件下做了同样的实验，发现带电体在晴天的漏电率比雾天大，离地面高处的漏电率比在低处大，高处负电荷的漏电率比正电荷大。他们的实验结果表明，空气中存在着某种来历不明的离子源。该离子源在空气中每立方厘米、每秒钟产生约 20 个离子对。

　　20 世纪初，卢瑟福分别用铅、铁和水作屏蔽物，试图隔断离子源与验电器的联系。实验结果出乎意外，如果屏蔽层很薄，对漏电性没有什么影响，加屏蔽层厚度，漏电率减小，但只能减小 30% 左右。通过实验分析，卢瑟福认为空气的漏电性是由于某种辐射造成的，并且这种辐射放出的带电粒子有很强的贯穿能力。那么，这种辐射是地球上天然放射性物质产生的吗？于是，人们把实验放在高空去做，以避免地面放射物质的影响。伍尔夫制作了一台灵敏度很高的静电计，在距离地面300 多米的埃菲尔铁塔上做实验，发现空气的漏电率减小了，但仍然无法排除空气被电离。此时，有的学者猜想，这种辐射不是来自地球本身，可能是来自地球之外，但因实验证据不足，无法证实。完成这一重大发现的任务就落到赫斯的肩上。

　　赫斯生于奥地利，父亲是林业工人。他于格拉茨大学获得博士学位。

　　赫斯在前人研究的基础上，吸取他们的经验教训。一方面改进了探测仪器，用密闭的电离室代替静电计；另一方面准备乘气球进入高空测量大气的漏电率。当时，由于缺乏遥测技术，必须由实验者携带探测仪器，乘气球一同升入高空，所以有一定危险性。赫斯带着改进的仪器，进行首次高空探测。当气球升到 1070 米时，赫斯测得大气的漏电率，与地面上基本相同。因而他初步断定，在高空中已经排除了地面放射性的影响，那么引起空气漏电的原因必然在地面以外。从而更加坚定了他进行高空探测的信心。

第二年，赫斯又进行了 7 次高空探测。尤其是最后一次，为了让气球升得更高，给气球充以氢气，使实际上升的高度达到 5350 米。探测结果表明，在 1500 米以下，大气的漏电率与地面基本相同，随着高度的增加，大气的漏电率明显增大。这一发现，意义非同寻常，因为它说明地球之外确实存在着辐射源，这种辐射源放射出贯穿本领很强的射线，它能到达大气层的下面使密闭的验电器导电，这就是地面上空气漏电的真正原因。

在赫斯实验之后，柯尔霍斯特为了证实赫斯的结论，也进行了多次高空探测，气球上升高度达到 9300 米，探测仪器更精密，测量结果也更准确。探测结果给赫斯的结论以强有力的实验支持。

1936 年，赫斯在获得诺贝尔物理奖时，他说："1912 年，我曾利用气球升到高空进行探测，密闭容器中的电离是随地面高度的增大而减小，即地球中的放射性物质的影响减小了。但是在高于 1000 米时，电离达到地面观测值的数倍。当时我得出结论说，这种电离可能是由于迄今还不知道的穿透能力很强的辐射从外部空间进入地球大气引起的。"这种未知的辐射最初被称为"赫斯辐射"，后来密立根把它命名为"宇宙射线"，意即来自地球之外的宇宙空间的高能粒子流，简称"宇宙线"。

点评

人们对宇宙射线的研究已有 80 多年的历史，但远未终结。到目前为止，我们对宇宙射线的来源还不清楚。所以，科学家们还必须付出更多的努力，才能揭开宇宙射线的神秘面纱。

统一场论

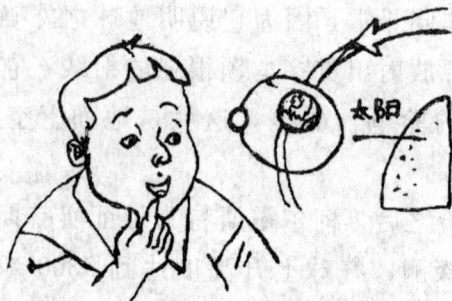

尽管对于爱因斯坦的相对论，人们褒贬不一，但是，他仍旧一如既往地走着自己的路，去寻找电磁和引力之间的数学关系。爱因斯坦认为，这是发现掌管从电子到行星宇宙万物运行的共同规律的第一步。

爱因斯坦企图寻求一个方程或公式把物质和能的各种普遍性质都联系起来，这就得到了所谓的统一场论。统一场论是爱因斯坦着力攀登的一座高峰，在达到这个目标的征途中，他大刀阔斧地使用了批判的武器。当然，爱因斯坦的批判不是指向个别的科学推论，而是直击牛顿力学的基石，指向绝对的时空观。牛顿力学认为，物质的质量是不随机械运动而变化的，是绝对的；描述物体运动的空间和时间也是脱离物质运动而绝对孤立地存在的；空间就是欧几里得几何学中的三维空间。爱因斯坦认为，我们衡量物体长度的尺子本身是和物体同样处在一个运动的坐标系中，如果用一个固定不变的尺子，是没法衡量一个运动物体的长度的，因此长度所表达的空间不是绝对孤立地存在的，空间是跟运动和物质相联系的。

然而，爱因斯坦没有能够完成统一场论，他没有能够把引力理论和电磁理论统一起来。因为迅速发展着的量子理论揭示，单个电子的运动是无法预测的，它在任何时刻的位置和速度都不能以同等精确度来测定，也就是说，亚原子层次的任何物理体系的未来是不能预测的。

爱因斯坦完全承认量子力学的辉煌成就，但却拒绝接受认为这些理论是绝对的想法，而坚信他的广义相对论对于未来的发现是更能令人满意的基础。

爱因斯坦曾经说过："上帝是难以捉摸的，但不是心怀好意的。"他甚至认为宇宙是经过精心设计的，在这一点上，他同绝大多数物理学家没有能够走在一条道上。

德国物理学家玻恩曾说："我们中间很多人都认为，这无论对他还是对我们都是一出悲剧，他在孤独中探索自己的道路，而我们失去了我们的领袖和旗手。"这一评价，使爱因斯坦的探索统一场的努力变成了徒劳，在爱因斯坦生命渐渐老去的过程中，我们只能无奈的叹息。

点评

　　我要告诉你的是：任何东西都不是绝对完美的，都会留有遗憾。

气体中的放电现象

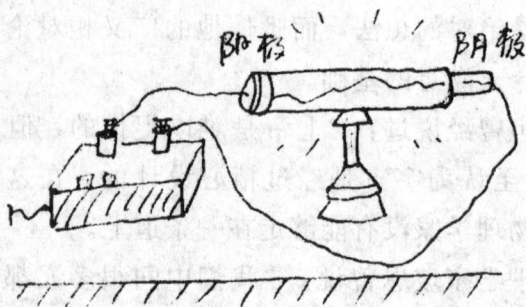

　　早在18世纪上半叶，德国的文克勒先生，就曾经用一架起电机，使在抽去了一部分空气的玻璃瓶里，因放电而产生了一种前所未见的光。令人遗憾的是，文克勒只是记录下了这种神秘的光，却没有能够深入持久地研究下去。

　　19世纪30年代，法拉第也饶有兴趣地注意到了低压气体中的神秘的放电现象。他并且还企图来试验一下真空放电。然而，由于无法获得高真空，他的这一想法也只能流产。接下来，历史的重任又落到了德国波恩大学的普吕克尔的肩上。普吕克尔总是在思考着这样一个问题：当电在不同的大气压下，通过空气或者其他气体的时候，究竟会发生什么样的现象呢？这个问题苦苦地折磨着他。他告诉自己一定要找出答案，要想找到问题的答案，得需要一个玻璃管，而且在管的两端封入装上输入电流用的金属体，并需要能把玻璃管内的压力减少到最低值的抽气泵，于是，普吕克尔找到了优秀的玻璃工匠盖斯勒先生。盖斯勒先生没有辜负普吕克尔的殷切厚望，成功地研制出稀薄气体放电用的玻璃管。利用这个玻璃管，普吕克尔实现了低压放电发光，再次捕捉到了那道神秘的电光，并把这种电光深深地铭刻在心。

可是，科学的道路永无止境。盖斯勒不无遗憾地发现，抽空的玻璃管放电发光的亮度不同，是同玻璃管抽成真空的程度有关系的。而普吕克尔也希望有一台真正的抽气机，从而创造出一段绝对的真空啊！在科学史上，托里拆利曾经用水银代替水，形成了"托里拆利真空"，这对盖斯勒震动很大，他因此则设想，流水式抽气泵要是改用流汞效果一定会更好一些的。盖斯勒找来了有关抽气机用水银的大量资料，又经过无数次试验，最后决定利用水银比水大 13 倍的密度差，来提高流水式抽气泵的性能。功夫不负有心人。无数次的失败以后，盖斯勒终于研制成功一种实用、简单而且可靠的水银泵，用这种泵几乎可以全部抽空玻璃管中的空气，人类制造真空的梦想终于成真。用水银泵抽成真空的低压放电管，使普吕克尔先生完成了对低压放电现象的研究。后人为了纪念这位不同寻常的玻璃工人，就把低压放电管命名为"盖斯勒管"。

普吕克尔利用盖斯勒管进行了一系列的低压放电实验，他一次又一次地为盖斯勒管阴极管壁上所出现的美丽的绿色辉光而叹为观止。然而，为科学事业贡献了毕生精力的普吕克尔先生，因劳累过度，心脏停止了跳动。他的学生约翰·希托夫和一位英国物理学家威廉·克鲁克斯成了普吕克尔的这一未竟事业的继承者。当他们把一只装有铂电极的玻璃管，用抽气机逐渐地抽空的时候，他们发现，管内的放电在性质上，经历了许多次的变化，最后在玻璃管壁上或管内的其他固体上产生了磷光效应。

希托夫经过反复的实验证明，置放在阴极与玻璃壁之间的障碍物，可以在玻璃壁上投射阴影。同时，从阴极发射出来的光线能够产生荧光，当它碰到玻璃管壁或者硫化锌等物质的时候，这种光就更强。戈尔茨坦重复并证实了希托夫的实验结果，并且把这种从阴极发射出的能产生荧光的射线，正式命名为"阴极射线"。

克鲁克斯也提供了他所获得的证据，比如说，这些射线在磁场中发生偏转，这就说明它们是由阴极射出的荷电质点，因撞击而产生磷光。人们还发现了阴极射线的一系列物理现象。

点评

阴极射线的发现，犹如晴空里一声霹雳，引出了诸如 X 射线、放射性和电子等一系列重大的发现。对物理科学的发展起到了重要的作用。

狭义相对论的诞生

　　狭义相对论起源于爱因斯坦 16 岁时写的一篇论文，即《关于磁场中的以太的研究现状》。"以太"这个源于希腊文，即空气的上层之意的名词，是亚里士多德所设想的与构成地球万物的水、土、火、气四元素不同的构成神灵世界的一种轻元素。爱因斯坦的狭义相对论从根本上改变了作为人类思考基本要素的时间和空间的陈旧概念，它认为，如果对于一切参照系，光速是不变的，而且一切自然规律都是相同的，那么可以发现，时间和空间都是相对于观察者的。

　　爱因斯坦研究了光在"以太"中的传播问题，大胆地否定了"以太"的存在。爱因斯坦认为关于时间是不断流动延续，空间是广阔无边，物体的存在与运动对此一点影响也没有的观点是毫无道理的，这就从根本上动摇了牛顿的信仰。

　　爱因斯坦认为，时间、空间、物体、运动是不可分割的统一整体，物体的运动变化，不但影响空间的大小存在，而且也影响时间的流动过程。最明显的例证是在物体运动速度充分大时，时钟会显示变慢，物体会沿运动方向缩小尺寸。在过去，牛顿的万有引力定律对于计算围绕太阳公转的行星，如水星、金星、地球、火星等的运行轨道及人造地球卫星的运动轨道也卓有成效。它甚至可以分秒不差地预报百余年后在地球上某处能够看到的日全食或月全食的时间，许多人对这条万有引力定律奉若神明，把它讴歌成整个宇宙的绝对真理。

但是相对论认为：牛顿的运动定律只有在物体运动速度远比光速低的场合下才适用，万有引力定律也只有在强度弱的场所才成立。就这样，相对论把这些定律从宇宙的绝对真理的宝座上拉了下来，证明它们无非是相对真理而已。对牛顿的经典物理学进行了全盘的否定之后，爱因斯坦提出了全新的时间空间和运动概念，并经过复杂的数学推导和运算，最终导出了一系列重要的狭义相对论结论。当爱因斯坦发表狭义相对论的观点时，年仅26岁。

点评

爱因斯坦在26岁时就提出了著名的相对论理论，他的故事告诉我们，年龄不是取得成功与否的条件，有志不在年高，无志空活百岁，所以，我们从现在开始就要制定远大的目标，并为之努力。

广义相对论问世

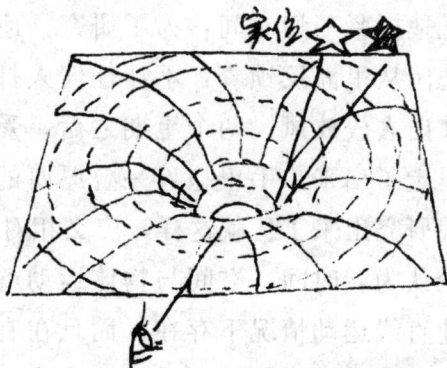

广义相对论是一种没有引力的新引力理论，是适用于所有参照系的物理定律。

1916年，在《物理学》杂志上，爱因斯坦发表了《广义相对论的基础》一文。诺贝尔物理奖金获得者马克斯·玻恩把广义相对论看作是"人类关于大自然的思想的最伟大成就，是哲学的深度、物理学的直觉和数学的技巧的最惊人结合"。

1912年的冬天，当第一场瑞雪普降人间的时候，爱因斯坦踏着地上的积雪，又回到了苏黎世联邦工业大学。从这时起，他有了一笔丰厚而稳定的收入，生活得非常幸福美满，对自己的婚姻也觉得很满意。

然而好景不长，两年后，爱因斯坦又把家搬到柏林，在那里，爱因斯坦接受了普鲁士科学院的一个职位。那年夏天，他的妻子和两个儿子在瑞士度假，由于一次大战的爆发而不能返回柏林，几年之后，这一被迫性的长期的两地分居导致了离婚。爱因斯坦厌恶战争，他还直言不讳地批判了德国军国主义。但爱因斯坦始终没有忘记自己肩上所担负的神圣的使命，他更加全神贯注地去完成他的广义相对论。

为了研究广义相对论，爱因斯坦付出了自己的一切，多年来没有规律的生活，给他的身体造成了巨大的伤害，肝炎和胃病几乎要把他给摧垮了。爱因斯坦以为自己得了癌症，于是，他更加自觉地抓紧一切时间，为了研究，他把自己关在一间小阁楼里，把门从里面反锁着，不让任何人打扰，只是到了黄昏时分，他才出去放放风。两个星期之后，爱因斯坦面无血色地从小阁楼里走了出来，手里抱着一叠厚厚的文稿，大声地向世界宣布：我研究出来了！就这样，广义相对论诞生了。

广义相对论认为，时间、空间与物体运动整体的不可分割性，不但在匀速直线运动情况下存在，而且在有加速度运动的情况下，也同样存在。爱因斯坦还进一步指出，加速度运动与引力场（重力场）引起的运动就是一回事，是等价的或等效的。这就推广了相对论的基本内容。根据等效原理，引力可以等效为加速系统中的惯性力。引力可以被一个加速系统完全抵消，引力也可以用一个加速系统体现出来。这样，爱因斯坦就把引力进一步归结为由加速系统所体现出的时空几何特征。不同的加速系统就有不同的时空几何特征，则就代表不同的引力场。所以，爱因斯坦的广义相对论又把引力与时间空间的几何特征联系起来了。

爱因斯坦认识到，我们所生存的具有长、宽、高三个方位的空间和一直流动延续下去的时间，结合在一起成为四维时空的整个宇宙是弯曲而有曲率的。爱因斯坦从广义相对论出发，作了一些伟大的科学预言，有的已经被观测所证实，比如水星近日点的进动，光谱线的引力红移和引力场中光的弯曲。爱因斯坦的第二个预言就是，引力场很强的恒星发出的光谱线向红端（波长比较长的一端）推移，1924 年，在天文观测中证实了有引力红移现象。其中较容易测量的是星星所发出的光线，从太阳旁边通过变得偏斜弯曲的数据。根据爱因斯坦的计算，可偏斜度为 1.75 弧秒。

据当时天文观测，1919 年 5 月 29 日，赤道地区将要发生日全食，这正好被利用来观测太阳边缘所射来的星光。日食那天，观测队拍摄了大量的日食照片，经过对这些照片的显影与分析研究，终于测得光经过太阳附近的弯曲度是 1.61 到 1.98 弧秒之间。它与爱因斯坦的计算相差无几。

爱因斯坦一直把广义相对论看成是自己一生中最重要的科学成果。确实，广义相对论比狭义相对论包含了更加深刻的思想，这一全新的引力理论，到目前为止，依旧是一个最好的引力理论。

爱因斯坦在他的《我的世界观》一文中说："我每天上百次地提醒自己，我的精神和物质生活都有赖于别人的劳动，其中有活着的人，也有已经死去的人。我必须尽自己的努力，以同样的分量去偿还我所领受了的和至今还在领受着的东西。"

点 评

爱因斯坦根据广义相对论，提出了关于宇宙的有限无边模型，推动了宇宙学的发展。广义相对论的问世，使爱因斯坦这个名字迅速传遍了全世界。

物理猜想

揭秘飞机窗外的奇幻现象

你有过坐飞机的经历吗？如果你有过这种经历，你一定知道，坐飞机在天空中飞翔可以看到许多奇妙的景色。有些奇幻的大气现象，也只有透过机窗才能看到，而这些奇幻现象，并不简单，它其实蕴藏着很多光学原理！美国大气光学专家考利就列出了其中的几个：

飞机在云层上方疾驰，在飞机背向太阳的一面，我们可以看到美丽的光晕。这些光晕是在光射向云层，但被云层中的一个个水滴散射回去而产生的。云层中水滴的大小越均一，你就能看到更多的光晕。当飞机在由小一些或者大一些水滴组成的云层上飞行时，这些光晕还会相应地膨胀和收缩。但是，只有在飞机下方有云彩时，我们才能看到这一奇幻现象，因为光晕的形成需要这些云彩，它们是光晕"画"在其上的"画布"。

如果恰好碰到万里无云的天气，就看不到光晕了

你不要感到遗憾，因为，在万里无云的天气下，我们可能看到另外一个光学效应，尤其是飞机在干旱地区或者树林区域上空飞行时。这就是"反面效应"——一种沿着下方地面移动的明亮的光斑，这是由于光的衍射产生的效应。这种亮斑总是正逆着太阳不断向前移动，看上去，似乎树木或者土地都被飞机的影子遮挡、隐藏起来了，而飞机影子的前方相应的变得更加明亮。

如果我们转过头来，望向正对太阳的那一面呢？那是冰晕的王国。冰晕是由高云层的冰晶导致的一种光环和弧线。它们常常显出漂亮的彩虹颜色，但它们并不是彩虹。

在机窗外我们看到最刺眼的事物不是太阳，而是亚太阳。由于在你下面的云层中，无数平坦的盘状冰晶组合在一起，形成了一面巨大的镜子，它能直接把太阳光反射过来，因此云层上似乎出现了一个太阳，就像镜子里的太阳一样，这被称为"亚太阳"。当飞机飞行时，亚太阳也沿着云层飘动，时而胀大，时而缩小，有时还会颤动，因为冰晶的倾斜度会发生不同变化。有时候，一条光柱从亚太阳处伸上来，射向真太阳，这是太阳光柱，这也是由于阳光恰好受到排得很整齐的冰晶反射而形成的。

从飞机上欣赏日出和日落，更是一种奇特的体验。太阳被奇特地压平了，这是因为它的光线被通向浓密的低层大气的途径极强地折射了，几乎达到正常折射量的两倍，然后，光线再穿透出来，到达我们的眼睛。如果是晚上乘飞机，我们就可能赶上月出，按照同样的道理，月亮也会扭曲变形。

这时候，你抬起头来看看天空，你会发现，它会比我们在地面上任何时候看到的都要深，都要暗。我们知道，天空显出蓝色的原因，就是太阳光被分子散射，而现在，地球大气的很

大一部分都在我们脚下了，太阳光被散射得很少，所以飞机上头的天空呈现深沉的紫罗兰的色彩。

点评

如果你有机会坐飞机的话，你可以仔细的观察一下飞机外面的世界。我想，那些美丽的景色一定会让你惊叹不已。

时间的本质之谜

现在，科学家已认识到时间具有两重性：对称性（或可逆性）及其破缺性（或不可逆性）。那么，时间的本质是什么呢？

对称性时间源自牛顿力学，按照这种时间观，现在、过去、未来是没有区别的，如行星无休止的圆周运动，钟表指针一圈复一圈及气候春夏秋冬年复一年的循环。

19世纪中期，开尔文等发现了热力学第二定律。按照这个定律，物质和能量只能沿着一个方向转换，即从可利用到不可利用，从有效到无效，从有秩序到无秩序。如煤燃烧后，成为无法生热的煤灰，并向大气层放出一氧化碳等废气。这就意味着时间对称性的破缺，宇宙万物从一定的价值与结构开始，不可挽回地朝着混乱与荒废发展，不同时刻的价值与结构不相同。第二定律揭示了一种"退化"的非对称性时间。"君不见高堂明镜悲白发，朝如青丝暮成雪"（李白《将进酒》）就反映了这种时间观。

几乎与此同时，进化论者发现了发生在生物界和人类社会的时间对称性破缺，创立了进化时间观。达尔文认为，地球上的生物处在不断进化之中，从简单到复杂，从生命的低级形式向高级形式，从无区别的结构到互不相同的结构。马克思认为，人类社会是逐渐由低级向高级，向更加完善更加有序的阶段发展的。与退化论者恰成对照，进化论者的这些发现是令人十分乐观的：随着时间的流逝，宇宙将进化得越来越精美，不断地向更高水平发展。

我们可以举个简单的例子，实际上，我们能够从人的一生依稀可见时间的进化性、对称性和退化性的缩影。

在一个受精卵发育成人的过程中，体内的组织逐渐从简单向繁多精密发展。从脱离母体到成年（约 20～35 岁），人体器官逐步向功能完善发展。到 40 岁左右时，人体各器官的功能基本保持不变。此后，人体各器官的功能逐渐衰老。

20 世纪 70 年代中期，通过对自身组织现象的仔细考察和长期研究，普利戈津提出了耗散结构理论。按照该理论，可逆性是时间具体有对称性的基础，不可逆性是时间进化和退化的本质，一个非平衡系统（系统的温度等状态参量随时间变化，或系统与外界存在诸如热流粒子等宏观流动）的演化过程，可用数学中的分支点理论的描绘。一个非平衡系统（无论是生物或非生物系统）经过分叉点 A、B 演化到 C 时，对 C 态的解释必然暗含着对 A 态与 B 态的了解。C 态的秩序和结构比 A 态与 B 态的既有可能更高级精密（进化）也可能更低级简单（退化）。普利戈津就这样定量统一地解释了时间的进化性和退化性。

大爆炸模型（伽莫夫等，20 世纪 40 年代）和爆胀模型（古斯等，20 世纪 80 年代）揭示了时间在宇宙尺度上的对称性破缺：约二百亿年前，宇宙还是一个质量密度无限大的"奇点"，一次巨大的爆炸，并经过二百亿年的近光速膨胀，形成了现在的宇宙，且还在膨胀。在基本粒子领域，美国科学家克

罗宁和菲奇发现了时间对称性自发破缺的现象（1964年）：C
介子在衰变过程中，对于空间反射和电荷共轭变换不守恒，从
而说明了时间反演对称性自发破缺。

爱因斯坦曾认为，时间不过是人的主观"幻觉"而已。他
说："对我们这些信念坚定的物理学家来说，过去、现在与未
来之间的差别只是一种幻觉，虽然是一种长久不变的幻觉。"
这种观点未免过于偏颇。

点评

时间是具有客观性（事物或发展或退化或不变是客观
的）。但不可否认，时间确与人（的主观性）有联系。弄
清楚时间的最终本质是科学家的一大愿望，也是我们的一
大愿望。

物理学上的十大谜题

如今，物理学家们利用线性和环形粒子加速器作为他们高分辨率的"显微镜"，来研究那些小得看不见的粒子。天文学家们则利用十几台新的超大尺寸的望远镜，也在研究着同样小的粒子，但是他们的研究对象都是在太空里。这就意味着，获取粒子物理学中对自然界所有四种力（电磁力、弱力、强力和引力）的统一的理解——将会部分地由天文学家获得。

可是直到现在，还没有人能够将量子力学的微小世界与我们透过望远镜所看到的广大世界编织在一起。当这两者走到一起时，物理学家们意识到，他们正在非常接近一个单一的"万物理论"，可以解释自然界万物的运行，它也就是人们长期以来所追寻的统一场论。

于是，美国国家研究理事会的董事会的宇宙物理学委员会在一份报告中详细列举了十个大的谜题。下面，我们首先来看看，我们还不了解答案的是哪些谜团呢？

谜题一：什么是暗物质？

我们能够找到的普通物质大概只占宇宙的百分之四左右。我们的这个推论结果，是通过计算让星系聚集在一起、并且让他们以巨大的星团形式运动需要多少质量而得出来的。另一种给无法看见的物质称重的方式，是观察引力如何使来自遥远物质的光发生弯曲。每次测量都告诉天文学家们，宇宙中多数的物质是看不见的。

也许，很多人可能会认为宇宙一定是充满了灰尘或是由不动的恒星构成的黑色星云，并且满足于这个看法，但是事情并非如此。首先，尽管有办法发现即使是以最黑暗形式存在的物质，人们寻找丢失的星云和恒星的每一次尝试都失败了。第二，也是最有说服力的是，宇宙学家们已经可以对宇宙大爆炸之后所发生的核反应进行精确的计算，并且将预期的结果和实际的宇宙成分进行比较。这些计算表明，由人们熟悉的质子和中子组成的普通物质的总量，比起宇宙的总质量来要小很多，不论剩下的东西是什么，它都不太可能是由组成我们人类的物质所构成的。

正是这寻找宇宙中丢失的一部分的探索过程，让宇宙学家和粒子物理学家们聚在了一起。在未被发现的暗物质中，首要的候选者是微中子和其他两种粒子：线中子和轴粒子，这两种粒子是由一些物理理论所预测的，但是从未被人们探测到过。所有这三种粒子的电性都被认为是中性的，因此它们无法吸收或者反射光，但是又具有足够的稳定性，能够从宇宙大爆炸后的最初阶段留存下来。

谜题二：什么是暗能量？

然而，宇宙学的发现证实，普通物质和暗物质还不足以解释宇宙的结构。还有第三种成分未被发现，它并非物质，而是某种形式的暗能量。

这种神秘成分存在的第一批证据，来自于对宇宙几何形状的测量。爱因斯坦的理论认为，所有的物质都会改变它周围空间和时间的形状。因此，宇宙的整体形状就是由它内部全部的物质和能量来主宰的。科学家对宇宙大爆炸遗留下来的辐射所进行的研究表明，宇宙的形状再简单不过了——它是扁平的！这个发现反过来也揭示出了宇宙的总体质量密度。但是在将所有的暗物质和普通物质的潜在来源加起来之后，天文学家们发现，他们还少了三分之二。

第二批证据提示人们，神秘的成分必定是一种能量。对远方的超新星进行观察之后，科学家们发现宇宙扩张的速度并不像他们原来所假定的那样在放慢；事实上，这种扩张的速度在增加之中。除非存在着一种遍布宇宙的、不断地将时间和空间的结构向外推出的排斥力，这种宇宙加速度是很难解释的。

暗能量为什么会产生一个排斥性的力场，这个问题有一点复杂。量子理论认为，虚无的粒子可以突然出现，存在极短的时间，然后再遁于无形。这就是说，宇宙的真空实际上并不是真正的空无一物。更恰当地说，空间充满了低级能量，这种能量是在虚粒子和它们的反物质伙伴短时间地存在和消失时所创造出来的，这个过程之后还有一个被称为真空能的非常小的场存留下来。

这种能量应该产生一种负的压力，或者说排斥力，因而也就解释了宇宙的扩张为什么是在加速。可以考虑这样一个类比：如果你把一个空的气密容器上的密封的活塞向后拉，你会在容器里制造出一个近似的真空。起初，活塞上几乎没有什么阻力，但是你拉出活塞越多，真空就越确实，活塞上产生的对抗力也就越大。尽管外太空的真空能是由量子力学奇异的定律，而不是由一个拉拽活塞的人灌输进去的，这个例子也足以说明负压力是如何产生排斥力的。

谜题三：质子是不稳定的吗？

你是否担心组成你身体的质子会解体，将你变成一堆基本粒子和游离能量？其实，各种观察核试验都表明，质子必须至少在很长时间内保持稳定。尽管如此，许多科学家们仍然相信，如果三种原子力真的是一个单一的统一场的不同表现形式的话，那么具有炼金术般魔力的超质量玻色子将会不时地从夸克中产生出来，造成夸克以及由夸克组成的质子发生退化。

乍一看，你会觉得这些物理学家们的脑子一定是出了什么问题，因为身体小小的夸克怎么可能产生出重量超过它们本身10000000000000000 倍的庞大的玻色子呢？你这样想并不奇怪。但是有一条海森堡不确定法则，它认为你永远无法同时知道一个粒子的动量和位置，而该法则正好间接地允许这样一个听起来荒谬绝伦的推断的存在。因此，一个庞大的玻色子从组成质子的小小夸克中闪现出来，存在非常短的一段时间，并非没有可能。

这种存在于小个的粒子之间的不成对力，同时也是将它们聚拢在一起的能量。当爱因斯坦将牛顿的理论加以改进之后，他将引力的概念予以延伸，考虑的对象也扩展到了极其巨大的引力场和以接近光速的速度运动的物体。这些延伸所引出的就是著名的相对论和时间——空间的概念。但是，爱因斯坦的理论并没有关注到量子力学这片极其微小物体的领地，因为万有引力在极小的规模上是可以忽略的，而不同于将原子聚拢在一起离散的小块能量的是，离散的小块引力在试验中从未被观察到。

尽管如此，自然界中仍然存在着一些极端的条件，能够让引力和微小的物质发生亲密的关系。例如，在黑洞的心脏附近，大量的物质都被挤压到量子空间之内，在极小的距离上，引力变得非常强大。同样的情况，在宇宙大爆炸前后密集的原始宇宙中也必定会出现的。

物理学家斯蒂芬·霍金发现了黑洞的一个特别问题，我们需要将量子力学和万有引力结合在一起，然后才能够就任何东西得到一个统一理论。霍金认为，任何东西，即便是光也无法从黑洞中逃出的断言严格来讲并不正确，黑洞周边的确在辐射出微弱的热能。根据他的理论，这种能量是黑洞附近的真空的粒子—反粒子配对实体化时所产生的。在粒子和反粒子这对冤家再度重新结合并互相毁灭之前，距离黑洞较近的粒子就被吸入了黑洞，而距离稍远的那个则以热量形式逃逸出来。这种热量的释放与先前被吸入黑洞的物质和能量状态没有任何明显的联系，这就违背了一条量子理论的定律，该定律规定，任何事件都必须能够追溯到先前的事件。要解释这个问题的话，就需要新的理论了。

谜题四：微中子有质量吗？

那些创造出重元素的核反应同样也创造出了大量幽灵般的亚原子微粒，它们被称为微中子，属于一组被称为轻子的粒子群，这其中还包括我们熟悉的电子、μ介子和陶粒子。由于微中子极少和普通物质发生相互作用，它们能够直接向我们展示恒星的内部的情况。当然，我们只有捕捉到并研究这些粒子才有可能做到这一点。

不久以前，物理学家们还认为微中子是没有质量的，但是科学研究却表明，这些粒子可能有着很小的质量。与之相关的任何证据都会有助于验证一套理论，用它可以寻求对四种自然力之中的三种——电磁力、强力和弱力进行描述。即便是很小的一点点重量也能够叠加起来积少成多，因为从宇宙大爆炸中留存下来的粒子实在是不计其数。

谜题五：超高能粒子从何而来？

来自宇宙空间，包括微中子、伽马射线光子和各种其他的亚原子散粒子在内的各种粒子中，能量最强的被称为宇宙射线。它们无时无刻不在轰炸着地球，有时候，宇宙射线强大之极，他们必定是在威力惊人的催化剂作用下，产生于宇宙的加速器之中。科学家对它的来源有几种猜测：可能是宇宙大爆炸本身，可能是超新星发出的冲击波与黑洞发生撞击，也可能是星系中央的物质被吸入巨大的黑洞时所产生的加速作用。了解了这些粒子如何产生以及如何获得如此巨大的能量，将会让我们对这些剧烈冲撞的物体的行为方式有所了解。

谜题六：是否需要引入新的光和物质理论，来解释在极高温度下所发生的事情？

那些剧烈的撞击过程，留下了一些可以看见的辐射踪迹，其中伽马射线尤为突出——它是普通光的表兄，但是却具有极高的能量。过去的三十多年中，天文学家们已经知道，这些射线所产生的、被称为伽马射线爆发的明亮闪烁，每天都会从天空的各个方向任意地来到我们身边。现在，他们已经查明了这些爆发的位置，初步可以确定它们来自于超新星强大的爆炸，中子星彼此之间以及中子星与黑洞的碰撞。但是当如此多的能量汇聚到一起时会发生什么事情呢？这个问题即便时至今日，也没有人能够做出多少解答来。在那种情况下，物质变得红热无比，它与辐射通过人们并不熟悉的方式交互发生作用，而辐射产生的光子彼此撞击在一起生成新的物质。物质和能量之间的区别这时变得模糊了。再加上磁力的因素，物理学家们对在这样可怕的场景下所发生的事情就只有大致猜测的份了，或许现行的理论根本就不足以对这些现象做出解释呢。

谜题七：从铁到铀这些重元素是怎样形成的？

暗物质和可能存在的暗能量都是起源于宇宙最早期，也就是氢元素诞生的时期。较重的元素稍后在恒星内部形成，核反应将质子和中子挤压在一起形成了新的原子核。例如，四个氢核（每个带一个质子）经过一系列的聚变形成了一个氦核（含有两个质子和两个中子）。这就是在太阳内部每时每刻所发生的事情，也就是这个过程带给了我们地球光和热。

但是聚变要产生比铁重的元素时，它需要非常多的中子。因此，天文学家们猜测较重的原子是在超新星的爆炸中形成的，这里中子的供应量非常充足，但是这个过程具体是如何发生的却无人知晓。科学家们已经开始推断，至少有些最重的元素，如金和铅，是在当两颗中子星——那些小小的、燃烧殆尽的星体残骸——碰撞并形成黑洞时所发生的更强大的爆炸过程中生成的。

谜题八：在超高的温度和密度下是否存在物质的新状态？

在能量极强的情况下，物质会进行一系列的转换，原子会分裂成其最小组分。这些组分就是被称为夸克和轻子的基本粒子，目前，它们已经不能被分割成更小的部分了。夸克极容易和其他粒子结合，因此它们在自然界中从来未被单独观察到过，而是经常发现它们与其他的夸克相结合形成质子和中子（每个质子由三个夸克组成），而这些质子和中子又进一步与轻子（比如电子）结合而形成整个原子。例如，氢原子就是由一个围绕单个质子旋转的电子构成的。原子呢，它们又转而和其他的原子结合起来形成分子，比如水分子就是这样。随着温度的上升，分子又从如冰一样的固体状态，变成如水一样的液态，再变成如蒸汽一样的气态。

这些都是我们所了解的、可以预见的科学所告诉我们的，但是当温度和密度比地球上的要大数十亿倍的时候，组成原子的基本部分彼此可能会完全地被强硬拆开，从而形成由夸克和将夸克结合在一起的能量组成的等离子体。物理学家们正试图在长岛的一台粒子对撞机上创造出这种夸克——胶子式的物质状态来。而在物理学家们远远无法创造出来的更高的温度和压力之下，这种等离子体可能会转变成为一种新的物质或者能量形式。这种物质状态的转变还可能会揭示出自然界新的力的存在。

这些新的力将会加入到我们已知的一种调节夸克行为的力的行列中去。所谓的强力是将这些粒子结合在一起的主要媒介。而第二种被称为弱力的原子力，则可以将一种类型的夸克转变成另一种。

最后一种原子力，也就是电磁力，它可以将诸如质子和电子这样的带电粒子结合在一起。正如其名字所暗示的那样，强力是三种力之中最强有力的，它比电磁力要强劲 100 倍以上，而比弱力更是要强劲 10000 倍以上。粒子物理学家们怀疑，这三种力有可能是单一的能量场的三种不同的表现形式，这与电力和磁力分别代表一个电磁场的不同方面非常相似。实际上，物理学家们已经揭示出了电磁力和弱力之间潜在的统一性。

有些统一场理论认为，在宇宙大爆炸刚刚发生后的超热的原始宇宙之中，强力、弱力、电磁力和其他力只是一种力，其后随着宇宙的扩张和冷却它们逐渐分化。在新生的宇宙中可能会出现各种力的统一，正是这种可能性的存在，使粒子物理学家对天文学如此感兴趣，也使天文学家们转而向粒子物理学来试图寻找这些力在宇宙的诞生中可能扮演了什么样角色的答案。力的统一如果要发生，必须有一种超高质量的被称为线规玻色子的粒子存在。

如果它们存在的话，它们会让夸克转变成其他粒子，并引起位于每个原子中心的质子发生衰变。如果物理学家们能够证明粒子可以衰变，就足以说明有新的力存在。

谜题九：还有没有另外一度呢？

在对引力真正性质的探索中，人们终究要思考：在我们能够轻易观察到的四度空间之上还会不会有其他一度呢？

— 171 —

　　为了做出解答，我们首先要知道，自然界究竟是不是患了精神分裂症：我们是不是应当接受这样的理论，那就是有两种作用于不同范畴的力——作用于大的范畴，如星系之上的万有引力，以及作用于微小原子世界的其他三种力呢？统一场论的支持者们说，必然有某种方式能够让三种原子范畴的力和万有引力联系起来。或许是这样，但是联系起来谈何容易。

　　首先，万有引力是不成对的。爱因斯坦的广义相对论认为，万有引力与其说是力，还不如说是空间和时间的一种内在特性。依此道理，地球围绕着太阳旋转，并非是由于万有引力的吸引作用，而是因为它陷入了一个由太阳引起的时间——空间的漩涡里，从而像一个大碗中快速旋转的一粒石子般在这个漩涡力中旋转起来。其次，就我们所能探测到的引力而言，它是一种持续的现象，而自然界的其他各种力则是以分立的小片形式出现的。

　　所有这些都将我们引向了线理论者们和他们对引力的解释，那里面就提出了其他的度的概念。具有独创性的线理论宇宙模型在一个复杂的十一度世界中将万有引力与其他三种力组合在一起。

　　在这个世界——也就是我们的世界中——这些度中的七个都在小到我们无法注意到的区域内自我包裹着。让你的思考方式绕过这些额外的度的一种方式，就是在头脑中想象出一个蜘蛛网中的一根蛛丝的形状。对裸眼来说，这根细丝看上去像是一度的，但是在影像被高度放大时，就不难分辨出它是一个宽度、长度和深度都非常可观的物体。线理论者们认为，我们之所以看不到额外的度，是因为我们缺乏足够强有力的工具去分辨它们。

　　谜题十：宇宙是如何开始的？

　　如果自然界的四种力真的是一股单一的力，并且在低于数百万度的温度之下呈现不同的状态的话，那么在宇宙大爆炸时期的难以想象的火热和密集的宇宙之中，必然会存在过一块地方，在这里万有引力、强力、粒子和反粒子之间的区别变得毫无意义。爱因斯坦的关于物质和时间——空间的理论由于依存于我们较为熟悉的基准之上，还无法解释是什么东西使得火热的极微小的原始宇宙膨胀到如今我们所看到的样子的。我们甚至还不知道宇宙是否充满了物质。

根据现行的物理概念，早期宇宙中的能量应当混合生成了相等数量的物质和反物质，它们本来应该彼此毁灭的，但是某种神秘而非常有用的机理让天平向物质一方倾斜，从而留下了足够的物质而形成了布满恒星的星系。

幸运的是，原始的宇宙给我们留下了几条线索。其一就是宇宙微波背景辐射，它是大爆炸的余烬。几十年来，每当天文学家们观察宇宙的边缘时，他们所测量到的这种微弱的辐射的强弱都是相同的，于是天文学家们相信，这种一致性意味着宇宙大爆炸以空间—时间的扩张开始，而其展开的速度比光速还快。

但是，经过仔细观测表明，宇宙背景辐射并不是完全均匀的。在受到有规律的扰动时，一小块空间与另外一小块空间的辐射还有着极细微的差别。会不会是早期宇宙中密度上随机的量子波动留下了这个印记呢？非常有可能。作出这个回答的，是芝加哥大学天体物理学学部的主席麦克尔·特纳。特纳和其他许多的宇宙学家如今都确信，宇宙的团块——也就是其中点缀着星系和银河星团的广大的空旷区域——或许就是原始的、亚原子大小的宇宙的量子波动经过极大的放大后的样子。

点评

正是这种无限大和无限小相结合，让量子物理学家和天文学家走到一起，在不久的将来他们也必定对以上的十个谜题做出解答。看来，看似毫不相干的领域也有合作的可能性啊。

世界物理学上的 "诺贝尔难题"

21世纪的今天，一些物理学家们精心挑选出几个最匪夷所思的物理学问题，对于其中任何一个问题的解答差不多都能获得诺贝尔奖，因此被认为现代物理学的 "诺贝尔难题"。

难题一：表达物理世界特征的所有（可测量的）参数是否都可以推算，或者是否存在一些仅仅取决于历史或量子力学的偶发事件，因而也是无法推算的参数？爱因斯坦的表述更为清楚：上帝在创造宇宙时是否有选择？想象上帝坐在控制台前："我该把光速定在多少？"、"我该让这种名叫电子的小点带多少电荷？"、"我该把普朗克常数的数值定在多大？"……他是不是为了赶时间而胡乱抓来几个数字？抑或这些数值必须如此，因为其中深藏着某种逻辑？

难题二：量子引力如何帮助解释宇宙起源？现代物理学的两大理论是 "标准模型" 和 "广义相对论"。前者利用量子力学来描述亚原子粒子以及它们所服从的作用力，而后者是有关引力的理论。很久以来，物理学家希望创立一种合二为一的理论，得到一种"万物至理"——即量子引力论，以便更深入地了解宇宙，包括宇宙是如何随着大爆炸自然地诞生的。实现这种融合的首选理论是超弦理论，或者叫 M 理论。

难题三：质子的寿命有多长，如何来理解？以前人们认为质子与中子不同，它永远不会分裂成更小的颗粒。这曾被当成真理。然而在 20 世纪 70 年代，理论物理学家认识到，他们提出的"大一统理论"暗示：质子必须是不稳定的。只要有足够的时间，在极其偶然的情况下，质子是会分裂的。证实的办法是，捕捉到正在死去的质子。许多年来，实验人员一直在地下实验室中密切注视大型的水槽，等待着原子内部质子的死去。但迄今为止质子的死亡率为零，这意味着要么质子十分稳定，要么它们的寿命很长——估计在 10 亿亿亿年以上？

难题四：自然界是超对称的吗？如果是，超对称性是如何破灭的？许多物理学家认为，要证明两种差异极大的粒子实际上存在密切的关系，这种关系就是所谓的超对称现象。第一种粒子是费密子，可以把它们粗略地说成是物质的基本组件，就像质子、电子和中子一样。它们聚集在一起组成物质。另一种粒子叫玻色子，它们是传递作用力的粒子，类似于传递光的光子。在超对称的前提下，每一个费密子都有一个与之对应的玻色子，反之亦然。物理学家需要解释这种对称性"破灭"的原因：随着宇宙冷却并凝结成现在的这种不对称状态，在其诞生之际所存在的完美就被打破了。

难题五：为什么宇宙表现为一个时间维数和三个空间维数？除了上下、左右、前后，人们无法想象在更多的方向上运动。这并不意味着宇宙原本就是这样的。实际上，根据超弦理论，肯定存在着另外 6 个维数，每一维都呈卷状，十分微小，因而无法察觉。如果这一理论是正确的，那么为什么只有这 3 个维数是伸展开来的呢？

难题六：为什么宇宙常数有它自身的数值？它是否为零、是否真正恒定？直到最近，宇宙学家仍然认为宇宙在以一个稳定的速度膨胀。但最近的观察发现，宇宙可能膨胀得越来越快。人们用一个叫宇宙常数的数字来描述这种加速。这个常数人们早期认为是零。但根据一些基本计算，这个常数应该很大。换句话说，宇宙应该以跳跃般的速度在膨胀。而实际情况并不是如此。有什么机制在压制这种作用？

难题七：M理论的基本自由度是多少？这一理论是否真实地描述了自然？多年来，超弦理论（M理论）最大的弱点是它有5个不同的版本。到底哪一个描述了宇宙？反对这一理论的人最近已经接受了被称为M理论的最主要的11维超引力理论框架。但情况却因此变得更加复杂。在M理论前，所有的亚原子都被说成是由微小的超弦组成的。M理论组成亚原子的物质增加了一种叫做"膜"的更为神秘的物质，它就像生理学上的膜一样，但最多有9个维数度。现在的问题是，什么是更基本的物质组成单位，是膜组成了弦还是刚好相反？或者另外存在着一些更基本的物质单位，只是人们没有想到罢了？最后，这两种东西中是否有一种确实存在，或者M理论仅仅是一种迷人的大脑游戏？

难题八：黑洞信息悖论的解决方法是什么？根据量子理论，信息（无论它描述的是粒子运动的速度还是油墨颗粒组成的文件内容）不会从宇宙中消失。但物理学家却提出了一个固定的假设：如果你把一本大不列颠百科全书扔进黑洞中去，将会发生什么事？正如物理学所定义的，信息仅指二进制的数字，或是一些其他的代码，它被用来精确地描述一个物体或一种方式。所以看起来那些特定的书本里的信息将被吞没，并永远地消失。但人们觉得这是不可能的。一些科学家相信那些信息确实消失了。另一些科学家们推测信息其实并没消失；它也许以某种形式显示于黑洞表面，如同在一个宇宙中的银幕上。

难题九：何种物理学能够解释基本粒子的重力与其典型质量之间的巨大差距？换言之，为什么重力比其他的作用力（如电磁力）要弱得多？例如：一块磁铁能够吸起一个回形针，即便整个地球的引力在把回形针往下拉。根据最近的一种说法，重力实际上要大得多。它仅仅是看上去比较弱而已，因为大部分重力陷入了某一个额外的维数度之中。如果我们可以用高能粒子加速器俘获全部的重力，也许就有可能制造出微型黑洞。这看上去会引起垃圾处理业的兴趣，但这些黑洞很可能刚一形成就消失了。

难题十：我们能否定量地理解量子色动力学中的夸克和胶子约束以及质量差距的存在？根据量子色动力学理论，微小的亚粒子永远受到约束。你无法把夸克或胶子从质子中分离出来，但物理学家还没有最终证明夸克和胶子永远不能逃脱约束。他们也不能解释为什么所有能感受强作用力的粒子必须至少有一丁点儿的质量，为什么它们的质量不能为零。一些人希望 M 理论能提供答案，这一理论也许还能进一步阐明重力的本质。

点评

这些高难度的物理谜题，一定会引起物理科学家的兴趣，我们期待着他们的解答。

"虫洞"能让人类瞬间穿越宇宙吗

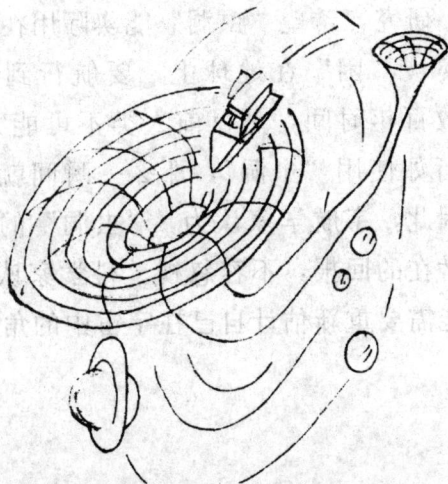

几十年前，爱因斯坦提出了"虫洞"理论。那么，"虫洞"是什么呢？简单地说，"虫洞"是宇宙中的隧道，它能扭曲空间，可以让原本相隔亿万公里的地方近在咫尺。

早在 20 世纪 50 年代，已有科学家对"虫洞"作过研究，由于当时历史条件所限，一些物理学家认为，理论上也许可以使用"虫洞"，但"虫洞"的引力过大，会毁灭所有进入的东西，因此不可能用在宇宙航行上。

随着科学技术的发展，新的研究发现，"虫洞"的超强力场可以通过"负质量"来中和，达到稳定"虫洞"能量场的作用。科学家认为，相对于产生能量的"正物质"，"反物质"也拥有"负质量"，可以吸去周围所有能量。像"虫洞"一样，"负质量"也曾被认为只存在于理论之中。

不过，目前世界上的许多实验室已经成功地证明了"负质量"能存在于现实世界，并且通过航天器在太空中捕捉到了微量的"负质量"。据美国华盛顿大学物理系研究人员的计算，"负质量"可以用来控制"虫洞"。他们指出，"负质量"能扩大原本细小的"虫洞"，使它们足以让太空飞船穿过。他们的研究结果引起了各国航天部门的极大兴趣，许多国家已考虑拨款资助"虫洞"研究，希望"虫洞"能实际用在太空航行上。

现在，人类被"困"在地球上，要航行到最近的一个星系，动辄需要数百年时间，是目前人类不可能办到的。但是，未来的太空航行如使用"虫洞"，那么一瞬间就能到达宇宙中遥远的地方。因此，宇航学家认为，"虫洞"的研究虽然刚刚起步，但是它潜在的回报，不容忽视。科学家认为，如果研究成功，人类可能需要重新估计自己在宇宙中的角色和位置。

点评

科学家指出，如果把"负质量"传送到"虫洞"中，把"虫洞"打开，并强化它的结构，使其稳定，就可以使太空飞船通过。如果那样，离人类尽情遨游太空的日子就不远了。

解读黑洞之谜

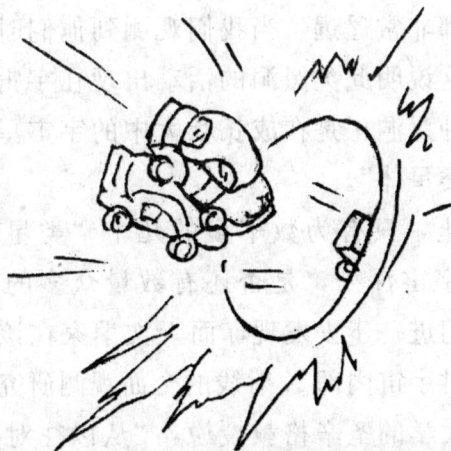

  美国宇航局斯皮策太空望远镜的观测结果表明，在宇宙中某一狭窄区域范围内，首次同时发现了多达 21 处却一直深度隐藏着的宇宙"类星体"黑洞群。

  我们知道在现实中的宇宙黑洞，由于其巨大的引力作用，连光线都被紧密吸引束缚，因而无法被人们直接观测发现。为确定黑洞天体存在的证据，天文学家通过研究发现，在黑洞周围的物质具有其特定行为：在黑洞周围的宇宙空间中，气体物质具有超高的温度，并且在被黑洞强大引力场吸引剧烈加速后，这些物质在彻底消失之前均会被提升到接近光速。而当气体物质被黑洞彻底吞噬后，整个过程都会释放出大量的 X 射线。通常正是这些逃逸出来的 X 射线，显示出此处有黑洞确实存在的迹象。这便是以往人们发现黑洞的最直接证据。

  而另一方面，在一些格外活跃的超大型宇宙黑洞周围，由于其对周边物质剧烈的吸引和吞噬行为，还会在黑洞星体外围产生一层厚重的宇宙气体和尘埃云层，这便进一步增大了对黑洞体附近区域的观测难度，阻碍了天文学家对这些超大黑洞存在的发现工作。天文学上将这些极度活跃的黑洞定义为"类星体"。普通情况下，一个类星体平均一年总共吞噬的物质质量，相当于 1000 个中等恒星质量的总和。一般情况下，这些类星体距离太阳系都非常遥远，当我们观测到他们时已经是亿万年以后的现在，这说明此类黑洞的活动出现在宇宙诞生初期。科学家推定，这种黑洞正是在成长壮大中的宇宙星系前身，所以将其命名为"类星体"。

到目前为止，只有为数不多的几个"类星体"黑洞被发现，在浩瀚的宇宙深处，是否还有数量众多的其他类星体存在，仍有待人们进一步去发现，而天文学家在该领域的研究工作则完全依靠对宇宙内部 X 射线的全面观测研究来予以证实。

英国牛津大学的圣辛格教授说，"从以往对宇宙 X 射线的观察研究中，本希望能找到宇宙中大量隐藏类星体存在的证据，但结果确都不尽如人意。"

根据美国宇航局 NASA 的斯皮策太空望远镜的观察结果，天文学家成功穿透了遮蔽类星体黑洞的外围宇宙尘埃云层，捕捉到了其中一直暗藏不露的内部黑洞体。由于斯皮策太空望远镜能够有效收集能穿透宇宙尘埃层的红外光线，使得研究人员顺利地在一个非常狭窄的宇宙空间区域内，同时发现了数量多达 21 个早已存在却又"隐藏不露"的类星体黑洞群。

来自美国加州理工大学斯皮策科学中心的研究小组成员马克雷斯表示，"如果我们抛开此次发现的 21 个宇宙类星体黑洞，放眼宇宙中的其他任何区域，我们完全可以大胆预测，必将有数量众多隐藏着的黑洞将会被陆续发现。这意味着，一如我们原先推测的那样，在不为人知的宇宙深处，一定有数量众多、质量超大的黑洞巨无霸，正借助着星际尘埃的隐蔽，在暗地里不断发展壮大着。"

中国科学院上海天文台沈志强介绍说，天文学中很多研究看似和生活毫无干系，但是却能帮助人类更好地了解外部世界。黑洞是研究宇宙起源的关键问题之一。爱因斯坦的广义相对论是黑洞理论的依据，而霍金又将量子论引入其中，提出了"黑洞不黑""黑洞既吞又吐"的重要理论。曾有天文学家表示，利用这一原理制造一个天体物理学意义上的超级武器，也有人提出过黑洞计算机的设想。充分的证据使人们相信，在浩瀚的宇宙中，的确充满着各种各样未被发现的巨大引力源泉——"类星体"黑洞群体。

点 评

这一重大发现第一次从正面证实了多年来天文学领域有关宇宙中有数目众多的隐身黑洞广泛存在的推测，具有重大的意义和价值。

扑朔迷离的反物质世界

　　一些科学发现，常常使人们目瞪口呆，难以置信。然而正是这些难以置信的发现，推动了人们对客观世界的认识和科学的进步。反物质的发现就是这样。

　　20世纪30年代，美国科学家安德森发现了一种特殊的粒子，它的质量和带电量同电子一样，只是它带的是正电，而电子带的是负电。因此，人们称它为正电子。正电子是电子的反粒子。

　　正电子的发现引起了科学界的震惊和轰动。它是偶然的还是具有普遍性，如果具有普遍性，那么其他粒子是不是都具有反粒子？于是，科学家们在探索微观世界的研究中又增加了一个寻找的目标。

　　20世纪中叶，在美国的实验室中反质子被找到了。后来，又发现了反中子。60年代，基本粒子中的反粒子差不多全被人们找到了。一个反物质的世界渐渐被科学家像考古般地"挖掘"了出来。

反物质的发现，使人们自然地联想起了本世纪的许多不解之谜。最著名的是被称为"世纪巨谜"的通古斯大爆炸。1908年6月30日凌晨，俄国西伯利亚通古斯地区的泰加森林里，突然发生了一场剧烈的大爆炸。随着一道白光闪过和一声天崩地裂般的巨响，一片沉睡的原始森林顷刻化为灰烬。大火吞没了数百公里之内的城镇和生命，融化了冰层和冻土，引起山洪暴发、江河泛滥，仿佛"世界末日"到了。据估计，这次爆炸的威力相当于上百颗氢弹一齐爆炸！

通古斯爆炸震惊了全世界，"通古斯"也一夜之间名扬全球。由于西伯利亚的严寒和交通不便，直到1921年才由前苏联的一个研究小组第一次前去考察。以后世界上其他国家相继派团考察，但至今通古斯大爆炸之谜依然众说纷纭，莫衷一是。其中一种说法便认为是反物质引起的"湮灭"现象。因为这种能级的爆炸除非是流星或陨石坠落，否则无法解释，而那里却没有任何陨石碎块。

20世纪70年代末，美国的一颗卫星拍摄了发生在西非沿海一带的酷似强烈爆炸的照片，经分析，它的强度相当于一次核爆炸。当时，只有美、苏、英等少数几个国家拥有核武器，谁会到如此遥远的地方进行核试验呢？美国政府几经调查，否定了核爆炸的可能性，认为是卫星和陨石撞击使仪器发错了信号，但第二年，这颗卫星又在同一海域记录到了与上次相同的现象，令政界和科学界大惑不解。对坚持通古斯大爆炸是反物质"湮灭"现象的科学家来说，又多了一个论据。

20世纪80年代中期，日本一架班机飞抵美国阿拉斯加时，副机长突然发现飞机的前方有一团巨大的"蘑菇云"，而且急速向四周扩散，天空一片灰蓝……与此同时，荷兰的一架班机和这条航线上的其他两架飞机也见到了这种现象。降落后，获

— 185 —

悉消息的美国当局立即对这四架飞机及机上人员进行放射性污染测试，结果，没有发现任何放射性污染的痕迹。目击者十分肯定地说这是核爆炸产生的烟雾，因而留下了又一个 20 世纪的"爆炸之谜"。

反物质的研究者认为，宇宙中存在着我们看不见摸不着的"反物质世界"，它的基本属性同我们周围的世界正好相反。反物质的原子核是由反质子和反中子构成的"负核"，外有正电子环绕。反物质一旦同我们世界的"正物质"接触，便会在瞬间发生爆炸，物质和反物质变为光子或介子，释放巨大能量，产生"湮灭"现象。

"反物质说"虽然只是科学上的一种假说，还有待证实，但反粒子等"负性物质"是确实存在的，而且现在又发现了反氘、反氢、反氦等等一系列反物质。

点评

相信随着科学技术的不断发展和科学研究的不断深入，人们对反物质作用的认识一定会越来越深刻，反物质世界必将为人类做出贡献。

引力的秘密

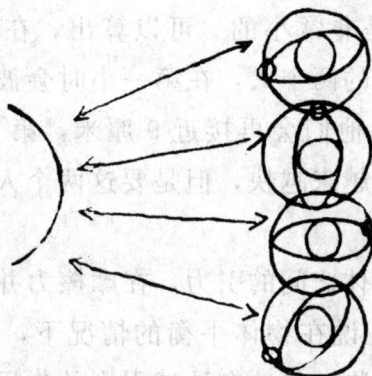

　　如果有人说，物体彼此间是互相吸引着的，我们可能不会十分相信。因为在日常生活里我们没有见过类似的事情。

　　那么，为什么万有引力定律不在我们周围环境里经常表现出来呢？为什么我们看不到桌子、西瓜、人体互相吸引着呢？其中的原因就是，对小物体来说，引力太小了。

　　让我们举一个明显的例子。有两个人相隔 2 米站着。这时候他们是互相吸引着的，可是这中间的引力小极了：对中等体重的人说来，这个力量还不到 1/100 毫克。这就是说，两个人彼此吸引的力量，等于一个十万分之一克的砝码压在天平盘上的力。这样小的重力，只有科学实验室里的最灵敏的天平才能察觉出！这样小的力当然不能使我们移动——我们的脚与地板之间的摩擦力阻止着我们移动。为了使我们譬如说在木制的地板上移动（脚跟木制地板之间的摩擦力等于体重的 30%），至少得用 20 千克的力。跟这个力相比较，1/100 毫克的引力简直小得可笑。因为 1 毫克是 1 克的 1/1000，1 克又是 1 千克的 1/

1000，所以 1/100 毫克只等于那个能够使我们移动的力的五亿分之一！这样说来，在平常的条件下，我们一点也察觉不出地面上各种物体之间有相互吸引的作用，就没有什么奇怪了。

假使没有了摩擦，事情就不同了。这时候甚至连最弱的引力也会使物体相互接近。不过在 1/100 毫克的引力下，两个人接近的速度应该是非常小的。可以算出，在没有摩擦的情况下，相隔 2 米站着的两个人，在第一小时会彼此相向移动 3 厘米；在第二小时，他们会再接近 9 厘米，第三小时再接近 15 厘米。他们的运动越来越快，但是要这两个人紧紧地靠拢，至少要经过 5 小时。

地面上各种物体之间的引力，在摩擦力并不造成阻碍作用的情况下，也就是说在物体平衡的情况下，是可以发觉出来的。挂在线上的重物，是处在地球引力的作用下的，所以那条线会指向下面。但是在这个重物的附近，如果有个很大的物体在把重物吸向自己方面，那么，这条线就会略微偏离竖直的方向，而指向地球引力和另外那个物体的很小的引力所合成的合力的方向。在大山附近，铅锤会偏离竖直线，这种现象是在 1775 年第一次观测到的：那时候在同一座大山的两侧，测定铅锤的方向与指向星空的极的方向之间的夹角，发现两侧的角度不一样。后来，又用了有特殊装置的天平对地面上各种物体之间的引力做了更加完善的实验，才精确地测定了万有引力。

在质量不大的物体之间，引力是非常小的。质量加大的时候，引力是跟质量的乘积成正比的。不过有许多人常常夸大这个力。曾说那常常在海船之间看见的相互引力，也是万有引力的结果！不难算出，万有引力在这里是一点关系也没有的：两只各重 25000 吨的大轮船，在相距 100 米的时候，相互吸引的力不过 400 克。不用说，这样小的力是不能使这两只轮船在水里作哪怕是很小的一些位置移动的。

对质量不大的物体说来是非常小的引力，在庞大的天体之间却变得很大了。因此甚至是那离开我们极远的行星——海王星，它几乎是在太阳系的边上慢慢地绕转着的，也能使我们地球受到 1800 万吨的引力！虽然太阳离我们远得不可思议，可是也只是由于太阳的引力，才使地球能够维护在自己的轨道上。

点 评

假如太阳的引力由于某种原因消失了，那我们的地球就要沿着轨道的一条切线飞入无边无际的宇宙空间去，永远不再回头了。引力其实无处不在，我们无法想象没有引力的生活是什么样子的。

污膜之谜

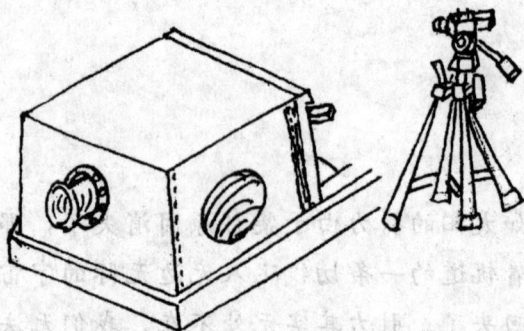

19世纪末的一天，著名科学家泰勒用一架照相机拍照，等拍完后他才发现镜头上有一层污膜，镜头已经严重地失去了光泽。为了得到满意的照片，他只好把脏镜头擦拭干净，重新拍了一张。几天之后，底板冲洗出来了，他惊奇地发现，用脏镜头拍出来的照片反而比用干净的镜头拍出来的清晰得多。这个现象，他实在感到莫名其妙。他把这个意想不到的发现告诉朋友们，可是谁也不相信这是真的。这个偶然的发现，当时并没有引起人们的注意。污膜之谜就留了下来。

40年后，这件事传到了科学家鲍尔那里，他觉得泰勒发现的现象有进一步探索的价值。他反复地做了许多实验，但是都不成功。后来，鲍尔设法把溴化钾镀在石英上，在石英表面形成一个薄膜。当他对薄膜上的反射光和透射光分析以后发现，反射光中失去了某些波长的光，而这些光正是透射光中所多出来的；而透射光中所缺少的成分，正是反射光中所多出来的。这个发现使鲍尔非常高兴，因为他找到了污膜之谜的答案了。原来，污膜之谜就是由于光的薄膜干涉所造成的。当光波射到镜头上的污膜时，一部分光波在它的前表面反射出来，另一部分光波射入污膜又从它的后表面反射了出来。由于这两列反射光波频率相同，所以能发生干涉现象。如果污膜的厚度恰好等于绿光波长的四分之一时，则两列反射光波的路程就等于绿光波长的二分之一，由于它的波峰与波谷叠加，使波的振动互相抵消，反射的绿光减少了，透射到镜头里的绿光就得到增强。照相机的感光片跟人眼睛里的视网膜一样，对绿光最敏感，微弱的绿光就能使它感光，但对紫色、红色的光反应就很迟钝。泰勒所用照相机镜头上污膜的厚度恰好等于绿光波长的四分之一，则绿光在反射中相干相消，而使透射光增强。由于透过镜头的绿光多一些，照片自然就会清晰得多。若把污膜擦拭下去，镜头表面光亮了，它就成了很好的反射面，则透过绿光的部分反而减少，因此照片就模糊了。

点 评

原来生活中有这么多的物理问题，那么，面对形形色色的问题，你能看出其中的奥秘吗？观察你身边的每一件事，你会发现，再平常的事件也有深刻的道理蕴涵在里面。

物质能够无限分割吗

　　我们可以设想，如果把一个物体分为 2、4、8、16、32、64……这样不断地分割下去，结果会怎样呢？也许你会说，现实中的刃具性能是有限的，他不可能把物质无限的分割下去。但是，假设我们在头脑中有一把理想的刃具，能够用它一直分割下去，情况到底会怎么样呢？是否可以无限制地分割下去呢，还是有再也不能分割下去的最小单位呢？前一种叫无限分割论，后一种叫原子论。

　　在古希腊，无限分割论和原子论之间曾进行过激烈的论战。无限分割论，有日常的经验为依据，容易站住脚。因为，只要回答可以无限分割下去就行了。然而，要是分割有限度，那么，最小的单位是多小，又是什么样子，是什么样的运动方式？这些疑问必须予以回答。然而，这样一来，就得考虑各种各样的条件，并对各种现象进行广泛、深入而具体的解释。

　　据说，最先提出原子论的是公元前 5 世纪的莱乌克坡斯，将这个理论系统化的是德谟克利特。他认为，原子极小而硬，无色、无味、无臭，大小、形状和重量因物质的不同而异。宇宙是一个巨大的真空，无数的原子在其中不断地作不规则的运动。这些原子组合、分离便产生所有物体，并使之变化和流动。可以说，这种原子论构成了希腊自然哲学的最后的顶峰。原子论是研究起源的，即向水（泰勒斯）、空气（阿拉克西米尼）、火（赫拉克利特）、土四种元素（恩培多克勒）寻求物质的基础的。但是，希腊哲学的主流支持无限分割论，对原子论发起了总攻。特别是想通过否定真空的存在，集中力量摧毁原子论的基础。"自然不欢迎真空"是他们的口号。而亚里士多德则始终坚持认为："在真空中所有的物体应该以同样的速度运动，然而这是不可能的。因此，真空并不存在。"原子论虽然得到了伊壁鸠鲁派等少数派的支持，但由于有亚里士多德这位权威，其后，在欧洲一直受到忽视。但是，到16世纪，由于托里拆利、巴斯卡、格里克等人的努力，证实了真空的存在，原子论重新抬头。到牛顿时代，大多数物理学者都相信了原子论。到19世纪初，道尔顿进而将它引入化学领域，建立了它今天的牢固阵地。

点评

　　看来，任何科学的发展，都会伴随着争论，而真理也总有一天会征服所有人的。

揭开"怪屋子"之谜

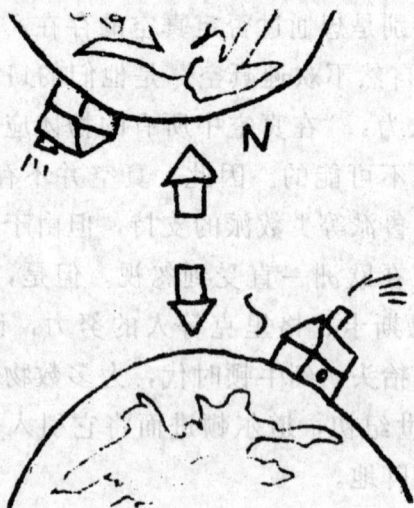

英国科学家对超自然现象开展了大规模专项调查，以科学的身份表明，世界上并没有所谓"鬼"、"怪"和超自然现象，但它们也并不都是人们凭空幻想出来的，而是环境造成的……

一直以来，雾霭沉沉的英伦三岛，是出了名的"鬼"地方。那有许多世界闻名的古老城堡，是旅游的好去处，而年代久远的古堡往往也拥有很多神秘的传说……甚至有专门网站介绍英国的"怪屋子"。虽然民间的传说众多，但以前在任何一家权威科学杂志上都没有刊登过调查文章。现在，科学家正在对超自然现象开展的大规模调查，以科学的身份表明，世界上并没有鬼和超自然现象，但它们也不都是人们凭空幻想的，而是环境造成的。

伦敦的汉普顿王宫原是英格兰国王亨利八世王宫，现在是一座美术馆。它之所以吸引游客，不仅因为它是皇家官邸、历史文物，还因为人们传说这里经常"闹鬼"。游客在这里，即使站在没有窗户的墙边，也常感到阵阵阴风吹来。特别是妇女常常感到头晕，甚至昏厥，甚至还有游客信誓旦旦地宣称看见了"鬼魂"在里面游荡，并相信这个鬼魂是亨利八世的第五个妻子卡特琳娜·霍华德！原来，亨利八世性情暴躁，他一生结了六次婚，在头五个妻子中，除了一个早死、一个离异而得善终之外，其余三名都被他处死。卡特琳娜·霍华德命运最惨，她仅与亨利八世结婚近两年就被无情的丈夫砍头，死时年龄仅21岁。

由赫特福德郡大学的理查德·怀斯曼领导的一个研究小组对汉普顿宫的超常现象进行了调查。一位看门人指出不断有超自然现象发生的地区，怀斯曼博士的小组请462名参观者四处走走，然后报告是否看到或经历反常现象。让科学家们大为惊讶的是，看门人指出的"闹鬼"地点和报称发现怪异现象的地区之间有很强的相关性。

这些"闹鬼"之处往往位于气流通过的当口或当地磁场发生明显变化的地方。怀斯曼博士说："走进去的人的确有一种遇到鬼的感觉。但是，造成这种现象的真正原因都是有自然规律可循的……"怀斯曼在王宫中安置了压力和温度传感器以及红外摄影机，结果发现，原来在王宫中有不少安在墙壁上的暗门，不知情的游客站在暗门旁边，还以为站在墙边，感觉好像有阴风袭来。此外，王宫通道错综复杂，空气不流畅，人们本来就心怀神秘感，自然就容易头晕甚至昏厥了。

研究小组还对英国爱丁堡南桥穹顶等地方进行了调查，建于18世纪晚期的南桥穹顶传闻有一个拽别人衣服的男孩，还有一位会推人并悄悄说污言秽语的"布茨先生"。一位导游挑选了爱丁堡10处穹顶，并根据过去对超自然活动的传闻按闹鬼的严重程度把这10处穹顶排列起来。200多名志愿者在随机选出的穹顶停留 10 分钟，然后汇报自己看到的异常情况。这一次，人们报称怪异感觉的地点与"闹鬼顺序"再一次吻合。这说明，环境暗示也有一定作用。磁场与闹鬼顺序没有关系，但是，照明情况、空气流动和穹顶的高度却与闹鬼顺序密切相关。闹鬼最厉害的穹顶最狭窄，光线也最昏暗，外面则与一条明亮的走廊相连。"毛骨悚然的楼梯，狭窄昏暗的房间"，这一切都让人类对那些怪异的地方感到害怕。

另一种与闹鬼相关的自然现象是称作次声的低频声波。其振动听起来是一种嗡嗡声，使人觉得不安，并且会使火苗摇曳不定。科学家发现，在"闹鬼"的地方常常有大量次声。

据说，浙江省台州市有一栋建于清代光绪年间的古宅，每当夏季的晚上，经常有古怪的光现象出现，有时堂屋中有一个发光的小珠在流动，有时屋后的竹子上有一块发光的东西往下掉，有时整个古宅被一团白光罩住，于是有人说宅里有"鬼"。

后经专家研究，认为这些和古宅所处的特殊的自然环境及大气中的放电现象有关。江南多雨，夏天尤其多雷雨，当大气中积累了一定量的电荷就要放电，而古宅是当地最高建筑，起到了引导放电的作用而产生发光。

对现代"凶宅"之说，科学家认为多半与不良的地质因素和环境污染有关。如电磁污染、放射性污染、重金属污染、水资源污染、大气污染等。印度曾发现这样的"凶宅"，凡住进去的人，不久就会得一种怪病：口齿不清、面部发呆、双目失明、精神错乱，最后全身扭曲惨叫而死。原来"凶宅"附近有一家水银温度计厂，污染了地下水源。在中国西安也曾发现"鬼屋"，住进去的人接二连三地患白血病死亡。经调查发现垫地基用的炉渣里含有放射性元素……

科学家发现，那些称见到或感觉到的"有鬼"，都可用自然现象解释。寒冷的气流、昏暗或变化的照明、恐怖幽闭和磁场都能造成一种不安的感觉。这类环境因素不断地影响同一处地区，这些地区就会得到"闹鬼"的名声。

点 评

对唯物主义者来说，鬼是不存在的，所谓的鬼，不过是环境造成的幻觉而已。

发声岩石之谜

在人类生活的这个世界，存在着许许多多的未解之谜。

在美国加利福尼亚的沙漠地带，有一块巨大的岩石，足足有好几间房子那么大。这个地方居住着许多印第安人。每当圆圆的月亮升起在天空的时候，印第安人就纷纷来到这块巨石周围，点起一堆堆篝火，然后就静静地坐在地上，冲着那块巨石顶礼膜拜……一堆堆篝火熊熊地燃烧着，卷起一团团滚滚烟雾，不一会儿，就把巨石紧紧地笼罩住了。

这时候，那块巨石慢慢地发出了一阵阵迷人的乐声，忽而委婉动听，就好像一首优美抒情的小夜曲；忽而哀怨低沉，就好像一首低沉的悲歌。巨石周围的印第安人一边顶礼膜拜着，一边如醉如痴地欣赏着这美妙的乐声。

那么，当地的印第安人为什么要对这块巨石那样顶礼膜拜呢？这块岩石为什么会发出那样动听的乐声呢？这块巨石为什么只有在寂静的月夜，并且只有在滚滚的浓烟笼罩的时候才会发出这优美神奇的乐声呢？这块巨石里面到底隐藏着什么样的秘密呢？这一连串的问题，没有人知道，也没有人能够说得清楚。

在美国的佐治亚州，也有这样一种会发出声音的岩石，人们管它叫"发声岩石"异常地带。这里堆满了大大小小的岩石，它们不仅能够发出声音，而且发出来的声音就好像一首首美妙的乐曲。

如果人们在这个"发声岩石"异常地带散步，就会发现，磁场在这里失常了，人们甚至连方向也辨认不清。更有意思的是，当人们用小锤轻轻敲打这里的岩石的时候，无论是大岩石，还是小岩石，或者那些小小的碎石片，都会发出一种特别悦耳动听的声音。这奇妙的声音不但音乐纯美，而且音响十分清脆，就好像是高山流水"叮叮咚咚"的清泉一样，令人听起来如痴如醉，妙不可言。

如果不是亲眼所见、亲耳所听的话，人们根本不会想到这声音是靠敲打岩石发出来的。可是，更让人感到纳闷的是，这里的岩石只有在这个地方才能被敲击出如此悦耳动听的音乐。有人曾经做过一种试验，把这里的岩石搬到别的地方，不管怎么敲打也发不出这种美妙的声音。

那么，到底是什么原因使得这个地带产生这种奇异的现象呢？这里的岩石为什么在别的地方就发不出那种美妙的音乐呢？科学家们针对这些问题进行了一次又一次的研究和考察，对产生这种现象的原因也进行了种种的推测和解释。有人说，这是个地磁异常带，存在着某种干扰源，岩石在辐射波的作用下，敲击的时候就会受到谐振，于是就发出了声音。可是，这只是一种推测。所以，科学家们一直到现在也没有找到一个令人信服的答案。

在意大利西西里岛上，有一个叫做"狄阿尼西亚士的耳朵"的山洞。关于这个山洞流传着这样一个传奇故事：

古时候，有一个名字叫狄阿尼西亚士的国王。谁要反对他，他就把谁关在这个山洞里面。看守山洞的狱卒们趴在山洞的顶上，用耳朵就能够监视犯人们的一举一动。因为，犯人之间说什么话，都可以传到狱卒的耳朵里。就这样，狱卒们把偷听到的话告诉那个国王，国王处死不少犯人。到了后来，犯人们才知道，原来这个山洞里到处都有耳朵呀！

这个山洞从洞顶到洞底有40米深，为什么狱卒趴在洞顶就能听到洞里犯人们的说话声呢？一直到现在，人们也弄不明白。

点评

看起来，这个"狄阿尼西亚的耳朵"的山洞和那个奇特的"发声岩石"地带之谜一样，只能是一个没有解开的谜团了。

能否制成永动机

也许我们都想过，能不能制造一种机器，什么也不消耗，却能不停地工作，为人类造福呢？

这种幻想也许自古就有，人们也或多或少地感到有实现的可能性，但开始具体研究，则是在大工业发展起来以后。风车和水车安装后，就可以不借助人的帮助而一直工作下去。但这类东西是借助外力工作的。在完全不需要借助外力而工作的机械——即使不另外做什么也要克服机械内部必定存在的摩擦而永远转动的机械是理想的，这种机械被称为永动机。

就文字记载而言，最早的永动机设想，是 13 世纪哥德式建筑工程师韦拉尔·德·奥努克尔提出来的。其结构是，在轮缘上用合页安上七个木槌，木槌打击轮缘，使轮子转动。但是，永动机的研究活跃起来，是从工业革命临近的 17 世纪前后开始的。伍斯特二世侯爵想出来的用铅球下落推动轮子转动的方法和阿基米德的用螺旋使水循环推动水车的方法等，都是非常闻名的。随着机械的发达，对永动机的研究越来越活跃。但是，任何一种永动机都不能实际运转，甚至连转动的模型都造不出来。有的人造出来实际转动的装置，摆出展览，向观众索钱，请投资者出钱建厂，但这些都是骗人的。因此，自古就存在的认为永动机在原理上行不通的想法逐渐占了上风。

点评

　　赫尔姆霍茨提出的能量守恒定律告诉我们：能量既不能创造，也不能消灭，只能互相转化。永动机是以凭空创造能量为前提的，所以，是不可能的。故永动机是不可能出现的。

怪坡之谜

　　我们都知道下坡容易上坡难的道理，由于地球引力的作用，每当人们走下坡路时，就会感到省力；每当车辆行驶到下坡时就会自动滑行；骑自行车也是如此。

　　可是，世界之大，无奇不有。在沈阳新城子区清水台镇阎家村蛤蟆岭附近的哈大公路的东侧约 1 公里处有一条长 60 多米、宽 15 米的一段坡路，却是一个"上坡容易下坡难"的奇怪路段。这段坡路，从表面看和平常的路没有什么区别，土道比较平坦，两侧长满了小草，坡路东低西高。可在这里却有着一种令人不解的奇怪现象。

　　怪坡是 20 世纪 80 年代末的一天，由一位青年司机发现的。具有多年驾驶经验的司机，驾驶着一辆面包车路经这里，到卧龙山，无意中把车停在山坡的下端，跳下车到路边办事。没等他走几步，车轮就向上滚动，车在无人驾驶的情况下向坡路顶端冲了上去，一直冲出近 60 米远，直到车后轮被一块石头挡住，车才停下来。司机开始以为自己视觉出了毛病，定睛细看，车轮确实往山坡上滚动，并没有人推车。汽车自动向上滑行，这可把他吓坏了，赶忙开车离开这个鬼地方。不久，这一具有神秘色彩的怪事就传开了。

对产生异常现象的成因，专家们各执己见。

一种观点猜测，汽车自动上行，很可能是此山坡附近有巨大的磁场，吸引着汽车和自行车由下向上滚动。如果是磁场作用，为什么和它紧紧相连的其他山坡就没有这种现象呢？

物理学家则认为，这很可能是"重力位移"作用。他们根据万有引力学说，认为物质结构的密度越大，则引力越强。在坡顶端地下，很可能有一块密度很大的巨石或空洞，引起了这种奇特的现象。

第三种意见认为这是典型的"视觉差"现象。由于这里三面环山，视觉参照物比较复杂，这样人们很容易受视觉参照物的影响，本来很高的地方，使人感觉却是很低；同样，原来很低的地方又使人觉得它很高。这一派观点的人对汽车滑行现象仍感迷惑，因为他们认定，如果这一怪坡的"坡底"比"坡顶"高，其坡度也绝不会超过一度。而汽车要自动滑行，即使在光滑的柏油路面上，坡度至少也得在二三度以上，速度也不会很快，更何况在这条土路上。这样一来，"视觉差"说难以自圆其说，也很难令人信服。

点评

种种说法的依据明显不充分，很难令人信服。其神秘之处究竟在哪里，目前仍无法解释清楚。能给我们答案的只能是科学。

重力异常之谜

　　世界上有不可思议的现象。如美国加州的"神秘点"，这个"神秘点"在离圣塔克斯镇约5分钟车程的近郊。该处附近的树木都斜向一方生长。有两块长50厘米、宽20厘米的石板埋在地面，间隔约40厘米，这两块石板就是不可思议的神秘点。当两个身高不同的人分别踏上两块石板时，就会发生最不可能的事：身材矮的竟然会变得比原来身材高的人高！两人之间仅有40厘米的距离，但却产生了身高的变异。但当两人再踏出一步时，两人的身高又恢复正常。如果再尝试互相交换位置，高的一个又变矮了。

　　也许你要说，可能这两块石板不是水平的吧。但如拿出水平测量仪来测量，仪器上却呈现水平状态。就算站在石板上用皮尺量身高，然后换到另一块石板上照样量一次，两边仍显示着同样的高度。如果在这两点上，人体身高经过伸缩，那么，皮尺也应测出不同的长度，然而两边的身高确实相同，是否皮尺也在作同样伸缩？

　　到达神秘中心点，这里会发生更惊人的事情。绕着该处一幢破烂小屋，在它肮脏的外围走了一圈进入屋内后，便会发现：里面有许多向左倾斜站立的人，正彼此指着对方嘻嘻地发笑。他们原来是早来的游客。只因为这个中心点有向一边倾斜的强烈引力，所以看来每个人都是斜立着。游客纷纷尝试做各种姿势，有些人甚至能笔直地倒立。这幢破旧的木屋，倾斜地靠在树干边，其倾度像是完全倚靠在这株大树上似的。走出小木屋前的大片空地，每个人都像要跌倒似的斜立着。冥冥中像有股强烈的吸力把人拉向斜立的姿势。小屋一堵墙上凸出一块木板，谁看了都会误认为是条斜坡道。如果在木板的上方放一个高尔夫球，虽然木板看上去是斜的，球却停在原处一动也不动。而用劲将球推下，还会发现球滚到半途又像受牵制般地再滚回原处。无论如何推动都是同样的结果，球最后还是回到木板上方。而且推球时会发现似乎有股阻力使球很难推下去。更让人惊讶的是，当进入神秘点的狭窄入口时，发现地下倾斜竟相差30°左右，一进去就有股视力无法看到的强力把身体推向另一方，尽管人死命地握住壁上的柱子仍然免不了被拖至中心的重力点。由于重力的异常，在里面呆上 10 分钟，人就会产生像晕船一样的反胃欲呕的反应。

　　因为磁场不平常，在这神秘点的上空，飞机会因为仪器受到干扰而脱离航线；鸟儿经过上空时也会因头昏眼花而掉到地上。走进隔壁的房间，将发觉一种奇怪的现象。屋顶的横梁上垂着一串铁链，下面悬着很重的坠子，该坠子直径大约25厘米、厚约5～6厘米，形状像个圆盘。欲把这个坠子推向一边，只要将手指轻轻一触就能动了，但从反方向推时却要用尽全力才能将它移动。这可能因为异常的引力向同一方向作用，所以才会发生这种现象。然而究竟是什么东西使得这神秘点的重力场与外界截然不同？它又是如何发生作用的？这都是尚待科学解释的谜。

点评

综合起其他现象，如身高的伸缩，球会自动向上滚动，斜站在墙壁上……这个神秘点可说是个充满着违反物理定律的怪地方。唯一可以理解的就是这个地带的重力是异常的。

未来激光的应用

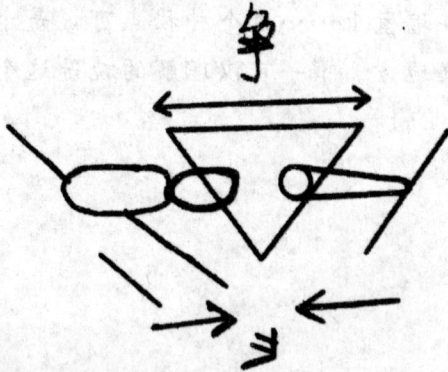

在未来，我们可以用激光来制作激光武器，所谓激光武器，就是利用激光束的辐射能量，在瞬间危害或摧毁目标的定向能武器。它是依靠自身产生的强激光束，在目标表面上产生极高的功率密度，使其受热、燃烧、熔融、雾化或汽化，并产生爆震波，从而导致目标毁坏。

激光武器是一种完全不同于现代常规兵器的新型武器。它的出现和在未来的使用，被科学家们认为"具有使传统的武器系统发生革命性变化的潜力，并可能改变战争的概念和战术"。那么，激光武器与现代常规武器相比，具有哪些与众不同的特点呢？

激光武器最厉害的绝招有"三招"：即烧蚀、激波、辐射。我们知道，常规武器通常是用子弹或炮弹打击目标的。而激光武器却是用"光弹"来打击目标。当一束强激光照到目标上，部分光能量被目标吸收，化为热能，使目标表层迅速熔融而汽化，形成凹坑或穿孔。如果目标与激光脉冲搭配合适，目标还可能发生热爆炸。这就是"烧蚀"。激光武器的第二个绝招是

"激波"。当强大的激光束打到目标上，蒸气迅速向外喷射，并在极短时间内产生反冲作用，在固态材料中就形成一个激波。这个不寻常的激波能在目标背面产生强大的反射，这样，入射激光与激波就会对目标实行"前后夹击"，立即击断目标，造成层裂破坏。那四处飞溅的层裂碎片，也具有很大的杀伤能力，好似重型炸弹凌空爆炸一样，可以造成大面积杀伤效果。"辐射"是激光武器的第三个绝招。当激光照射目标，能量达到一定高度时，目标上汽化的物质就会被电离而形成一层特殊的等离子体云，给入射激光形成一道天然屏障，好像乌云遮蔽太阳，给目标起着屏蔽和保护伞作用。但高温等离子体，能发射紫外辐射，甚至 X 辐射，引起辐射效应，造成目标结构及其内部电子、光学元件等损伤。其中，紫外或 X 辐射比激光直接辐射所引起的破坏更为有效。因此，紫外或 X 辐射对于目标的破坏起着推波助澜的作用，达到其他武器所不具备的特殊破坏效果。

激光武器与常规武器相比，有着独特的优良性能。一是速度快，命中率高。二是强度高，可以摧毁一切坚硬目标。三是无惯性，不产生后坐力。它可以随时改变射击方向，任意攻击各种目标，而不影响射击精度和效果。因此，激光武器使用起来省时、省力，机动灵活，得心应手。四是无污染。激光武器不存在长期的放射性污染，无论对地面或空间都无污染区，因而使用范围较广。

点 评

由于激光武器的良好性能，在未来，它的前景很被看好。

未来的激光炮

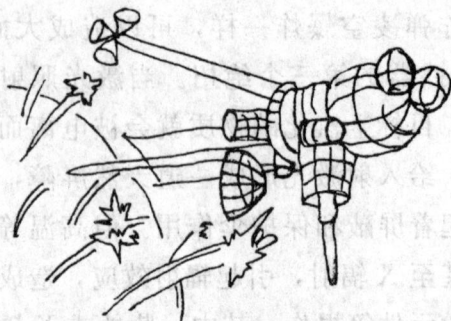

　　未来我们肯定将在宇宙飞船等航天器上安装激光炮，用以对付飞行中的洲际核弹头导弹等。实验中的星载激光炮，既可安装在空间站上，又可装在卫星拦击器上，已显露出巨大的作用。激光炮还可以用来反坦克、破坏敌方雷达、通信装备以及在森林、山区、城市进行大面积纵火。

　　具体说来，未来可预见的激光炮，根据形状、运动方式、作用等不同可大致划为如下三种类型：折叠式光炮，固定式光炮，轻型光炮。

　　激光炮虽然有其独特的优点和神奇的力量，但也有其致命的弱点：随着射程增大，激光束发散角随之增大，射到目标上的激光束功率密度也随之降低，毁伤力减弱，其有效作用距离受到限制，此外使用时易受环境的影响。比如，在稠密的大气层中使用时，大气会耗散激光束的能量，并使其发生抖动、扩展和偏移。恶劣天气（雨、雪、雾等）和战场烟尘、人造烟幕对其影响更大。因此，激光炮虽在未来的战场上能发挥出独特的作用，但是，它不能完全取代其他种类的武器。除用激光直接摧毁目标、杀伤人员的武器外，还有一些用激光控制的武器，我们把它称之为激光制导武器。它是用激光导引炸弹、炮弹、导弹等飞向目标的武器系统。目前已经使用和正在研制的激光制导武器有：激光制导炸弹、激光制导炮弹及激光制导导弹等。激光制导武器与激光武器不同，它用于杀伤和摧毁目标的能量不是激光束，而是普通的炸弹、炮弹和导弹。激光束只起制导作用，就像给这些普通的炸弹、炮弹和导弹安上了一双"眼睛"，使它们能紧紧盯着目标，穷追不放，直至消灭它。

点评

激光炮对卫星上的太阳能电池、各种光敏元件、高精密仪器和仪表等破坏性甚大，还能使卫星上的侦察照相装置等受到损坏，使卫星失去工作能力，成为"废星"。激光炮的很多作用还有待于我们进一步的挖掘。

粒子束的神奇功用

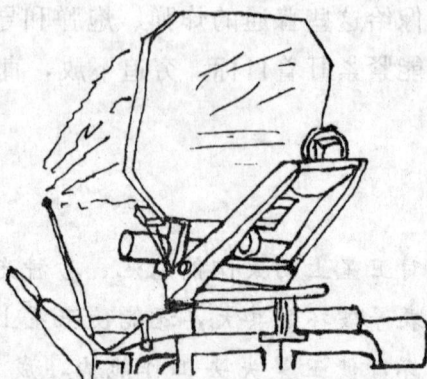

在军事领域里，物理科学发挥着巨大的作用。如我们可以用粒子束来制作粒子束武器，它是利用微观粒子构成的定向能量束去摧毁目标的武器。具体地说，就是通过特定的方法将质子、电子或离子（物理学中称为微观粒子），加速到接近光束，聚集成密集的束流，用以破坏目标的一种定向能武器，亦称为"束流武器"或"射束武器"。

粒子束武器是一种类似于激光武器但又比激光武器更厉害的武器。美国和前苏联认为："粒子束技术是第二次世界大战以来，在技术上的一项根本变革。"粒子束武器对目标的破坏主要是通过"三板斧"来实现的。"一板斧"是破坏结构。粒子束武器射击的粒子束流具有很大的动能和能量，当它射到目标上时，粒子和目标壳体的材料分子发生非弹性碰撞，把能量以热的形式传递并沉积在壳体材料上，使材料的温度迅速上升，直到局部被熔融成洞或由于热应力引起壳体材料破裂为止。如同一块烧红的钢铁猛然放到冰上一样，能使冰与烧红钢铁接触处迅速熔融、汽化，猛然向外飞溅，同时还可能使溶洞周围爆裂，从而达到破坏目标结构的效能。"二板斧"是使引爆药早爆。常用的引爆炸药在密闭情况下要到500℃时才起爆，但粒子束武器发射的粒子束却能使引爆炸药在500℃以下就能起爆。这是因为，其一，粒子束能使引爆炸药内部产生电离，引起离子迁移、交换，使其内部电荷分布不均匀，形成附加电场；其二，粒子束的强烈冲击和能量沉积，产生冲击效应，即在引爆药中产生冲击波，从而导致引爆药提前起爆。"三板斧"是破坏电子设备或器件。一是低强度的照射，可造成目标电子线路的元件工作状态改变、漏电，使元件工作产生错误动作或失效；二是高强度的照射，除可直接烧熔电子元器件外，当带电粒子束穿透电子设备时，能在元器件中产生电子——空穴，进而突然形成强烈的电流脉冲，放出大量热能，破坏电子元器件；三是带电粒子束在大气层运动时，可产生高能的 γ 射线和 X 射线，能破坏目标的瞄准、制导和控制等电路；四是带电粒子束的大电流短脉冲，还可激励出很强的电磁脉冲，达到干扰或破坏目标电子线路的目的。

那么，粒子束流是怎么产生的呢？小小的粒子又是怎样摧毁目标的呢？我们知道，一切运动的物体都具有动能，物体具有动能的大小主要取决于物体本身的质量和运动的速度。质量越大、速度越快，它具有的动能也就越大，其作用的能量也越大。一只小小的飞鸟与飞行中的飞机相撞，轻者洞穿机体，重者使飞机粉身碎骨，道理就在于此。物质世界的分子、原子已经小到肉眼看不见了，但还有比它们更小的质子、电子、离子及一些中性粒子，物理学界称它们为"微观粒子"。尽管这些微观粒子微不足道，但它们还是有一定质量的。如果能把它们加速到极高的速度（假如接近光速），这时它们也都会具有一定的动能。如果再把许许多多这样的粒子聚集成密集的束流，使它们的能量集中起来，那能量可就相当可观了。把这些具有大能量的粒子束流射向目标，它们就像子弹或炮弹一样能摧毁目标。能量越大，摧毁力越大。摧毁目标的能力就越强。那么怎样给这些微观的粒子加速呢？我们从普通物理学中得知，电和磁都具有同性相斥、异性相吸的特性。当粒子产生器产生出带电粒子并通过电场时，带电粒子就会受到电场作用力的作用。当电场作用力的方向与粒子运动的方向一致时，粒子的速度就会加快。根据上述原理，人们制造出一种专门加速粒子的特殊装置——粒子加速器。带电粒子进入加速器后就被加速到所需要的速度。它是通过多次重复而又方向一致的加速来使粒子的速度越来越大的。就如同使人造卫星加速到一定的速度，是通过多级运载火箭经过多次加速而完成的道理一样。粒子经过一次又一次的加速，最后就可以获得所需要的速度。尔后经磁场聚集，把大量的粒子集中起来，形成束流，并由加速器射出。这样的粒子束就具有了极大的能量，足以摧毁所攻击的目标。粒子束武器也就因此而诞生了。

点 评

粒子束武器，正以其巨大的军事潜力，引起世界各国军事家的关注。将来，这种武器也许会被广泛的用于军事用途。

球状闪电之谜

　　球状闪电是闪电的一种形式，也称球雷或电光球，是一种不太常见，而又会造成一定危害的奇异闪电。通常在强雷暴时出现，有时无雷雨天气也会发生，一般出现在高山或潮湿地带。外观呈球状，呈红、橙（或黄）、绿、白色。运动时浮动跳闪，水平移动速度通常为每秒数米，有时能停在半空中不动或由空中向地面降落。球状闪电酷爱钻缝。存在时间一般只有几秒或十几秒，最长不超过十几分钟。消失时间一般只有几秒或十几秒，最长不超过十几分钟。消失时常伴有爆炸，发出巨响，有时也无声无息地消失。消失处常有臭氧或一氧化氮的气味。

　　沈括在《梦溪笔谈》中记载了皇帝内侍李舜举家遭雷击的情形：有一团火球穿过窗户进入室内，家人视为起火，纷纷逃出，雷击过后，发现窗纸被熏黑，墙上挂的一把宝剑在鞘中化为液体，而漆布刀鞘却完好无损，室内其他物品均丝毫无损。

20世纪中期，苏联一架大型飞机在北极考察，当飞机飞到沃洛格达州的一个森林地带上空时，有一个耀眼的白球穿过密封的机舱壁进入飞机，悄悄从驾驶舱移向无线电室，只听见轰的一声，散出一团烟雾，电台被击中而短路，但损坏不大，很快修复，机组人员觉得惊奇：冬天零下14度，又无雷电，怎么会出现球状闪电？

20世纪60年代的一天，一架从美国纽约飞往华盛顿的539号班机，也遇上了球雷。当时雷雨大作，突然从机舱门口窜进一个火球，直径约20厘米，色白偏蓝。火球沿机舱的走廊向后移动，进入盥洗室后消失。机上乘客吓得面无人色。

20世纪80年代中期，曾两次观察到球状闪电，分别在我国北京下马岭地区和上海嘉善地区。北京当时下大雨，出现一个红色圆球，损失很轻；上海那次也是发生在风雨雷电交加之中，火球呈锯齿状，直径约80厘米，一声巨响之后，出现在离地面一人多高的地方，穿过无缝的墙，进入一村民房内，墙上没有火球蹿越的裂缝，只是有几片石灰脱落，房屋内外的电线全部被击粉碎，室内损失不大，在场的村民安然无恙。

在美国尤尼昂维尔城发生的一次球状闪电中，火球进入了一个家庭的电冰箱，把冰箱中的生鸭变成了烤鸭，蔬菜也熟透了。原来是火球在冰箱中瞬时产生了高温，变成了电炉，令人奇怪的是电冰箱完好无损。在俄罗斯，一个黄色球雷从屋前的白杨树上跃到地上时，一个在牛棚下避雨的孩子，踢了它一脚，轰的一声，火球爆炸，孩子应声而倒，然而没有伤着，可是牛棚里的11头牛全被击死。

点评

神秘的球状闪电到底是怎样形成的，它来自何方？这些问题都在争论之中，球状闪电中的许多谜有待进一步揭开。但可以肯定的是，球状闪电的形成和外星生命无关。

夜明珠发光是一种物理现象吗

自古至今，历代人们常以爱慕、惊异、迷惑不解的心情，对夜明珠津津乐道。古代一些文学作品和民间的一些传说，往往给夜明珠涂抹上一层又一层神秘色彩，编造出一个又一个扣人心弦的神话故事。

夜明珠在我国古代民间又名叫"夜光璧"、"夜光石"、"放光石"，相传是世界上极为罕见的夜间能发出强烈光芒的奇宝。英国著名学者李约瑟在其巨著《中国科学技术史》中记载，古代中国人喜爱叙利亚产的夜明珠，它别名为"孔雀暖玉"。据说，印度一些人把夜明珠称为"蛇眼石"。据日本《宝石志》中记载，日本的夜明珠是一种特殊的红色水晶，被誉为"神圣的宝石"。萤石雕琢成珍珠者即叫夜明珠，雕成玉板者叫夜交璧。因此，能发光的夜明珠不是珠贝蚌所产的珍珠。夜明珠本从矿石中采集而得，但它在地球上的分布是极为稀少的，开采也很困难，故此这显得格外珍贵。据专家考证，夜明珠是几种特殊的矿物或岩石，经过人们加工后才变成圆珠形。夜明珠发出的光，并不像神话中传说的那样能把"龙宫照得如同白昼"。发光强度较大的夜明珠，在黑暗中，人们在距离它半英尺的地方，能清清楚楚地观看印刷品。为什么夜明珠在夜间会发出强烈而又绮丽的亮光呢？那么，夜明珠是种什么物质，又何以能发光呢？原来，夜明珠是一种萤石矿物，发光原因是与它含有稀土元素有关，是矿物内有关的电子移动所致。当矿物内的电子在外界能量的刺激下，由低能状态进入高能状态，当外界能量刺激停止时，电子又由高能状态转入低能状态，这个过程就会发光。稀土元素进入到萤石晶格，在日光灯照射后可发光几十小时，白天晚上都在发光，白天看不见，晚上非常明显了。

点 评

原来，夜明珠发光是因为矿物内电子移动造成的，看来，生活中处处都存在着物理现象。

神奇的微波

微波是波的一种，具有光波的特性。利用它的这个特性，我们可以制作微波武器，它其实是采用强微波发生器和高增益定向天线发射出强大的、会聚的微波波束，对目标起杀伤破坏作用的武器。

那么，微波为什么能作为武器，微波武器是怎样杀伤破坏目标的呢？

物理学知识告诉我们，微波是波的一种。它是一种波长很短的（大约1毫米到1米）无线电电磁波。但它的频段范围很广，为300兆赫到30万兆赫，具有光波的特性，在空间以光速直线传播，且可以穿透电离层，进入宇宙空间。微波有个最独具的特性是，对口径一定的抛物面天线，其增益与波长的平方成反比，波长越短，其增益效果越高。当增益达到了一定的能量，且直接作用于某一目标时，它就表现出军事上武器的杀伤作用了。微波武器对目标的杀伤机理，和激光武器不同，它具有的是一种类似于武术界"太极神功"的内杀伤效应。对人员目标的"软杀伤"。它是通过微波对人体作用产生的"非热效应"和"热效应"的软杀伤来实现的。

"非热效应"是指人体受到较弱能量的微波照射后引起的伤害，包括心理损伤和微妙的功能减退现象。它可使人员神经混乱、头痛、烦躁、记忆力减退。比如，用它可损伤高性能飞机的驾驶员或其他精密系统的操作人员，使之发生变态反应。

"热效应"是由强微波能量对人体的照射引起的。在强微波能量的作用下，人体细胞的分子以惊人的速度运动，彼此碰撞，产生热功能等生理效应，即"热效应"。由于微波具有很强的穿透力，故不仅可使人体皮肤的表面被"加热"，而且也可使人体的深部组织被"加热"；加之深部组织散热困难，所以升热速度比表面更快，致使人还未感到皮肤疼痛，深部组织已受到损伤。微波武器对现代武器系统的破坏手法是"以柔克刚"。

由于微波束是以光速传播的，因此，微波武器能照射较大的目标区、作用距离远、不受气候影响的特性。同时，它还是对付未来隐形飞机、导弹等飞行器的有效武器。因为这些隐形飞机或导弹表面上的微波吸收材料，正好利于充分吸收微波能量，并使之迅速加热升温而毁坏。可见，微波武器将成为未来比较理想的防空、反导弹、反卫星武器和破坏 C3CM（指挥、控制与电子对抗）的重要手段，并可成为多层次的反弹道导弹防御系统的重要组成部分。

微波束武器通常由超大功率微波发射机、大型高能波束天线和跟踪瞄准控制系统组成。其中超大功率微波发射机是微波武器的"弹仓"。它向微波武器提供发射用的"波弹"。大型高能波束天线用于把超大功率微波发射机输出的能量会聚在窄波束内，使微波束能量高度集中，以极高的强度或密度（其能量要比雷达的能量大几个数量级）辐射和轰击目标，以杀伤人员和破坏武器系统。

点评

微波武器的作用不容小看，和粒子束武器一样，微波武器也将成为未来军事战争中的重要武器。目前，关于微波武器的研究还在继续。

不可思议的电磁力

电磁力在各个领域都有广泛的应用，我们可以利用电磁的独特性来制成电磁炮，它是一种利用电磁力沿导轨发射炮弹的武器。早在19世纪，科学家们就发现，在磁场中的电荷和电流会受到力的作用，他们把这种力叫"洛仑磁力"即电磁力。一战时，法国的科学家们提出了利用洛仑磁力发射炮弹的设想，并进行了开创性研究，但没能成功。二战时，德、日等国的科学家又进行了大量秘密的研究，企求利用新式武器取得战场上的胜利，但也以失败告终。战后，其他国家的科学家们，也进行了一些研究，但一直未能取得理想进展。

直到上个世纪70年代，澳大利亚国立大学的研究人员，终于利用建造的第一台电磁发射装置，将3克重的塑料块（炮弹）加速到6000米/秒的速度，成功地打出了世界上第一颗电磁炮弹，这才引起了世界科学界尤其是各国军界的关注。电磁炮通常由电源、加速器、开关及能量调节器等组成，它与普通火炮或其他常规动能武器相比，具有很多独特的优势。一是射速快，动能大，射击精度高，射程远。二是射击隐蔽性好。电磁炮射击时，既无炮口焰、雾，也无震耳欲聋的炮声，不产生有害气体。无论白天还是夜晚射击都很隐蔽，对方难以发现。三是射程可调。我们知道，常规火炮的射程及射击范围是通过改变发射角和发射不同弹药来调整的，操纵复杂，变化范围有限。而电磁炮只需调节控制输入加速器的能量即可达到调整目的，简便，精确。但电磁炮也存在着炮管使用寿命短、轨道部件易遭损坏、体积庞大等不足。

点评

电磁炮以其独特的优势在军事上具有十分广泛的应用及不可估量的发展前景。此外，随着电磁发射技术的发展，今后的电磁炮不仅能用来发射炮弹，还可用来发射无人飞机、卫星，甚至航天器等。

未来的反电磁波辐射导弹

反电磁波辐射导弹可以在一次战斗或对抗中彻底摧毁对方的电子战核心装备——雷达和有源干扰系统。因此，也有人称它为反雷达导弹。它的摧毁力是目前其他任何电子对抗手段都望尘莫及的，因此，即使在未来战场上，它也是一种必不可少的重要电子战武器。

反电磁波辐射导弹是利用敌方雷达的电磁辐射进行导引摧毁敌方雷达及其载体的导弹。它与机载或舰载探测跟踪、制导、发射系统等构成反雷达导弹武器系统。通常有空地、舰舰反雷达导弹等类型。最早的反电磁波辐射导弹，是美国于60年代装备的"百舌鸟"导弹。80年代，美国又新装备了一种"高速反雷达导弹"。这种导弹接受的是目标雷达（或干扰源）辐射的单柱电磁波，信号强，导引头作用距离大，因此，它可以在被对方发现前，在对方的防空火力范围之外先发制人，实施攻击。战后的几场局部战争，证明该导弹对对方地对空导弹的制导雷达、高射炮炮瞄雷达等是一种严重威胁，能取得较好的战果。因为既可以对付精密探测雷达和警戒雷达，又能对付导弹导领雷达和炮瞄雷达，还可以对付干扰己方电子装备的干扰源等。不管有多少电磁辐射信号进入导引头，它都能在经过处理后，排除干扰正确跟踪单一目标。此外，该导弹的导引头可以实现全波段覆盖，它的这种宽频带特性使得反辐射导弹的应变力极强。在雷达和干扰源采取关机的措施来对付反辐射导弹的情况下，它可以借助弹载计算机提供的对方雷达（或干扰源）的位置参数来控制自己的飞行，直至命中目标。

它还能采用复合制导，以被动雷达为主，在目标关机的情况下，迅速地转换成红外、激光、电视或惯性导航等导引方式，继续导引导弹飞向目标。因此它成为一个进攻型的凶猛强悍的杀手。

点评

据分析，未来的反电磁波辐射导弹，将向着增强抗干扰能力，提高导引头性能，增大射程、威力和攻击多种电磁辐射源的方向发展。

未来的核电磁脉冲弹

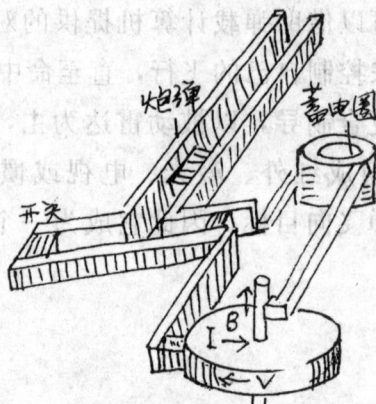

核电磁脉冲弹，就是利用核爆炸产生的射线与大气或某些材料中的分子、原子相互作用而产生瞬时核电磁脉冲。作为主要破坏因素的核武器。与一般核武器的不同点，就在于它以产生电磁脉冲为主，其他破坏因素影响很小，所以又有第三代核武器之称。

我们知道核弹爆炸时，除产生光辐射、冲击波、贯穿辐射和放射性沾染外，第五种效应就是电磁脉冲效应。当核弹在空中爆炸时，会产生极强的γ射线。这种具有高能量的γ射线可使空气发生电离，电离产生的电子以光的速度离开爆心，使爆心周围聚集了大量的正离子，形成强电场。电磁场在非对称条件下向外辐射，就产生了核电磁辐射脉冲。核爆炸的x射线、高能中子和其他放射性粒子与空气撞击时，也会激励出电磁脉冲。

当对核武器进行技术改造，使其爆炸时将更多的能量转换成电磁脉冲，这样核武器就变成了专施电磁脉冲破坏的核弹了。核电磁脉冲的持续时间虽只有几十至几百微秒，但它的电磁场强度极高，爆炸瞬间可达每米几万至十几万伏；频率范围宽，可覆盖大部分军用和民用电子设备的工作频段；作用范围大，可达数百公里乃至数千公里；传播速度快，以光速向四周传播；脉冲上升前沿很陡，对各种电子设备威胁极大。

20世纪60年代的一天，美军正在太平洋上的约翰斯顿岛上空进行核试验。一切进展顺利，核弹发射成功了。可是，令人们惊奇的是，核弹爆炸刚过一秒钟，距试验场800余公里的檀香山岛上，数百个防御报警器全部爆裂，瓦胡岛上的照明变压器被烧坏，檀香山与威克岛之间的远距离短波通信中断。与此同时，夏威夷群岛上美军的电子通信监视指挥系统全部失去控制和调节能力；警戒雷达故障不断，荧光屏上产生无数回波和亮点、电子战储存程序出现严重误差……

事关重大，美国军方立即组织了调查，事后查明，"肇事者"竟是核爆炸试验所产生的核电磁脉冲！于是，人们对核电磁脉冲另眼相看了，一种未来的"电磁脉冲核弹"的设想也便由此孕育而生。

点评

目前，世界各国都在加强对核电磁脉冲弹及其防护问题的研究，并已提出了一些切实可行的措施，值得肯定的是，未来的核电磁脉冲弹将在战场上发挥出重要的作用。

金字塔中的反物理现象

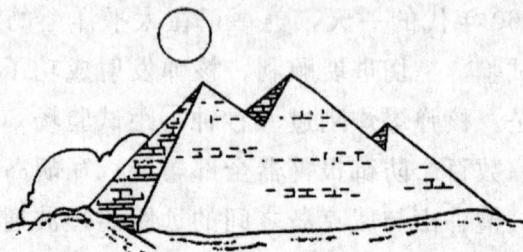

金字塔作为人类史上最伟大、最古老的建筑物之一，由其建筑技术的精妙和定位技术的精确，一直以来都让世人惊叹不已。

目前埃及约有 80 多座金字塔，建于 4500 年前，其中，以胡夫金字塔（也称大金字塔）、卡夫拉金字塔及孟卡拉金字塔三座最为宏伟和完整。

金字塔是古埃及奴隶制国王的陵寝。这些统治者在历史上被称为"法老"。古代埃及人对神的虔诚信仰，形成了"来世观念"，认为人死后可以得到永生。于是，这些古埃及的法老们花费几年，甚至几十年，精心修筑自己的陵墓，希望自己能在死后同生前一样生活得舒适如意。法老们是否永生我们无从知晓，但是，金字塔中有一些东西却真的得到了永恒。金字塔中的奥秘数不胜数，其中的反物理现象更是让众多科学家们趋之若鹜。

20 世纪初，一位法国科学家参观胡夫金字塔国王墓室时，在一些罐子内发现了猫和老鼠的尸体，尽管墓室内非常潮湿，尸体却未腐烂，他因此怀疑墓室具有使物质脱水的功能。这位科学家回国后按照胡夫金字塔的设计用纸做了一个底边 0.9 米的模型，并将其四方位配合东南西北的方向，将一具刚死的猫尸体放在距底部三分一高度之外的地方。结果数日后，猫尸体竟化成了木乃伊。接着，他又以肉片等加以实验，结果确认，不论放什么入内，全都不会腐烂。

其后，捷克的科学家发现金字塔具有使旧剃须刀的刀片再生的作用，每天他用完剃须刀后，放入金字塔中，剃须刀竟可耐用 200 次以上。

这些消息传遍整个世界，更多人不断反复实验，最后都认同金字塔确实具有能让酒或果汁香醇可口及保存蔬菜、水果鲜度的效果。自此，人们开始逐渐发现金字塔里的一些反物理现象。

生锈的首饰置于塔内，过一段时间后，首饰锈斑全无，变得光亮如新。

肉、蛋和鲜奶等食品可以长时间贮存于塔内，没有任何腐烂、变质现象。

塔内放置的水有愈合伤口的作用。

据说塔内的水还有返老还童的功效，用其洗脸后，可以让人看起来比之前年轻……

据目前的研究推测，可能是金字塔的结构恰好巧妙地运用了地球的磁场能量，使塔内的物体不会很容易丢失能量，即可有效地阻止物质熵的形成，使物质不会变坏。

点评

金字塔的奥秘至今仍不能被科学完全解释，在惊叹古埃及人民智慧的同时，我们应该努力学习，早日解答金字塔的奥秘，让金字塔中的神秘作用早日应用于社会。

未来的等离子体武器

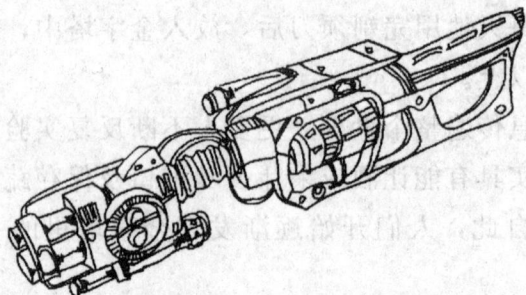

　　等离子体是一个物理学概念。人们通常把距地球表面 60～1000 公里的高空大气层称作电离层。在电离层中，由于太阳紫外线和其他高能粒子（宇宙射线）的辐射作用，空气分子发生电离反应，部分或全部被电离成电子和离子。电子、离子与少量的中性气体分子和原子混合便构成了等离子体。由于空气稀薄，电离出的电子和离子再复合过程十分缓慢，从而形成了保持很高电子浓度的电离层。电子浓度反映了电离层的电离程度，其随高度不同呈不均匀分布。电离层可以影响无线电波的传输特性，如短波电台和短波通信便是利用电离层对无线电波的反射而达成的。由于大气电离层中等离子体的密度和电离度很低，它一般不会影响到飞行物体的正常飞行状态。等离子体武器，就是超高频电磁能束或激光束在大气中聚焦，焦点会形成高电离化空气云—离子团。飞行物一进入这种等离子团，如导弹的弹头、飞机以及卫星等，产生旋转力矩，就会使其偏离飞行轨道，并在巨大的超重的影响下销毁。这种超重现象是由飞行物表面巨大的压差和飞行物的惯性造成的。整个拦截过程仅需 1/10 秒时间。等离子体武器的工作原理是：将超高频电磁波束在高空中聚焦，焦点处空气便会发生高强度的电离反应，形成等离子体云团，其密度和电离度比大气电离层高出1~10万倍。飞行物体一旦撞入等离子体云团中，不管是导弹、飞机还是陨石，其飞行环境都会遭到完全破坏，从而偏离正常飞行轨道。由于飞行状态发生了剧烈的变化，根据惯性原理，飞行物体将承受巨大的惯性力，最终遭到破坏而坠毁。显然，等离子体武器与普通武器直接作用于目标不同，它辐射的微波束或激光不是直接聚焦在飞行目标上，而是聚焦在目标的前方或两侧。它不像激光武器那样利用高强度的能量直接烧毁目标，而是给目标下一个"电磁脚绊子"，使得目标在飞行过程中由于自身产生的惯性力作用而自毁。尽管导弹的飞行速度很高，但等离子体武器的波束以光速传输，因此可在瞬间准确地摧毁多个空袭目标，足以防护来自太空或空中的飞机和导弹的威胁。等离子体武器欲击毁目标，必先破坏其飞行环境。这确实是一种全新的构想，但不少人对等离子体武器仍然大加怀疑。

点评

　　等离子体武器的想法看似简单，但需解决的技术问题却十分复杂，它的技术要求远远超出人们的想象力。当前，等离子体武器研究领域仍需要更多科学家的关注。